The Foundation of
Psychoanalysis
Five Lectures and Other Works

精神分析基础
五次演讲及其他

Sigmund Freud

［奥］西格蒙德·弗洛伊德　著

何逸飞　译

中国出版集团　东方出版中心

图书在版编目（CIP）数据

精神分析基础：五次演讲及其他 /（奥）西格蒙德·弗洛伊德著；何逸飞译. —上海：东方出版中心，2023.10

ISBN 978-7-5473-2267-3

Ⅰ.①精… Ⅱ.①西… ②何… Ⅲ.①精神分析 Ⅳ.①B84-065

中国国家版本馆CIP数据核字（2023）第169352号

精神分析基础：五次演讲及其他

著　　者	[奥]西格蒙德·弗洛伊德
译　　者	何逸飞
责任编辑	陈哲泓
装帧设计	徐　翔

出 版 人	陈义望
出版发行	东方出版中心
地　　址	上海市仙霞路345号
邮政编码	200336
电　　话	021-62417400
印 刷 者	上海万卷印刷股份有限公司

开　　本	890mm×1240mm　1/32
印　　张	7.75
字　　数	135千字
版　　次	2024年4月第1版
印　　次	2024年4月第1次印刷
定　　价	49.80元

目录

精神分析纲要

中译本说明

本版各篇汉译底本均出自英国精神分析家詹姆斯·斯特雷奇（James Strachey）主编的"标准版"（Standard Edition）弗洛伊德全集。"标准版"这一命名及其国际影响力似乎印证了弗洛伊德在《精神分析运动史》（1914）里的预言——"英国人对务实的追求和对公义的热爱，注定会给精神分析一个光明未来。"①

但弗洛伊德是位实干的精神分析家，而不是预言家。为了精神分析的光明未来，从 20 世纪初直至逝世，他都在竭力向世人解释和说明什么是精神分析，回应和驳斥关于精神分析的偏见，并基于分析实践来完善和修正自己创造的理论，以期精神分析在世界学科之林获得其应有的一席之地。

《精神分析五讲》（1910 ［1909］）是弗洛伊德带着精神分析学说首次在大学露面，甚至也是首次在公开场合的

──────────

① 见本书第 103 页。

宣讲，称得上精神分析的兴起之作。

《精神分析运动史》则是一篇兴尽悲来、从头振作的转折之作。弗洛伊德年届耳顺，接连遭逢两位爱徒出走，自己创立的学科或将后继无人。此情此景之下，"运动史"中的题记应当可以作英编者注释①之外的理解：不可寄希望于"*Jüngsten Tag*"。太子荣格（Jung）或某些年轻人（Junge）的时代（Tag）不会到来，而精神分析这艘大船将在所有共济者的努力下"乘风破浪，永不倾覆"②。

精神分析的发展从未结束，国破家亡、背井离乡、行将就木的弗洛伊德却也终究没能写完《精神分析纲要》（1940〔1938〕），没能对自己的孩子讲完最后寄语，"他的逝去在此留下了一个'空无'（Rien）"。③

这三篇文章，既是弗洛伊德本人为精神分析所作的导论，也是这壮阔而未竟历程的一个缩影。

何逸飞

2023. 3

---

① 见本书第 115 页。
② 见本书第 65 页。
③ Jacques Lacan, "La direction de la cure et les principes de son pouvoir", *Écrits*, Paris, Seuil, 1966, p.642.

精神分析五讲

（1910［1909］）

英文版编者按

ÜBER PSYCHOANALYSE

(a) 德文版：

1910 Leipzig and Vienna: Deuticke. Pp. 62. (2nd ed. 1912, 3rd ed. 1916, 4th ed. 1919, 5th ed. 1920, 6th ed. 1922, 7th ed. 1924, 8th ed. 1930; all unchanged.)

1924 *G. S.*, **4**, 349 – 406. (Slightly changed.)

1943 *G. W.*, **8**, 3 – 60. (Unchanged from *G. S.*)

(b) 英译版：

"The Origin and Development of Psychoanalysis"

1910 *Am, J, Psychol.*, **21** (2 and 3), 181 – 218. (Tr, H. W. Chase.)

1910 In *Lectures and Addresses Delivered before the Departments of Psychology and Pedagogy in Celebration of the Twentieth Anniversary of the Opening of Clark University*, Worcester, Mass., Part I, pp. 1 – 38. (Reprint of above.)

1924 In *An Outline of Psychoanalysis*, ed. Van Teslaar, New York: Boni and Liveright. Pp. 21 - 70. (Re-issue of above.)

本版是詹姆斯·斯特雷奇的全新译本，题目有变，为《精神分析五讲》。

1909 年，麻省伍斯特市克拉克大学庆祝建校二十周年，校长 G. 斯坦利·霍尔（G. Stanley Hall）博士邀请弗洛伊德及其主要追随者（C. G. 荣格［C. G. Jung］，S. 费伦齐［S. Ferenczi］，欧内斯特·琼斯［Ernest Jones］，以及 A. A. 布里尔［A. A. Brill］）共赴盛会，并准备授予他们荣誉学位。早在 1908 年 12 月，弗洛伊德就收到了邀请，不过庆典要等到次年秋天，因此，弗洛伊德的五次讲座分别在 1909 年 9 月 6 日（周一）以及其后四天举行。正如弗洛伊德本人当时公开说的，这是对精神分析这门年轻科学的首次正式承认，他在《自传研究》（1925*d*，第五章）这样写道，走上讲台发表演讲时，简直"就像实现了不可思议的白日梦"①。

---

① 对于这次典礼的描述也见于《精神分析运动史》（1914*d*）。欧内斯特·琼斯所写的传记里（1955，自 99 页起）有更完整的描述，其中包含了诸多细节。

按照弗洛伊德的一贯做法，这些讲座（当然，是用德语）都是即兴的，而且我们从琼斯博士那里了解到，演讲并无备忘笺，事前也只做了很少的准备。直至回到维也纳，他才在催促之下不情不愿地把讲稿写了出来。他的口头记忆极强，尽管直到12月的第二个星期才写完，但据琼斯博士所说，印发的版本"和现场的演讲出入不大"。讲稿最早是1910年初以英译稿发表在《美国心理学杂志》，不过德文原版很快就以小册子的形式在维也纳面世[①]。事实证明，这部作品很受欢迎，已经出了好几版；但没有任何实质性的改动，只不过1923年在 *Gesammelte Schriften* 和 *Gesammelte Werke*[②] 中的讲稿开篇加了脚注，收回对布洛伊尔（Breuer）感激之情的表达。至于弗洛伊德对布洛伊尔态度的变化，可以在《癔症研究》编者导言里看到一些讨论（见标准版，第二卷，XXVI 及以下诸页）。

整个职业生涯，弗洛伊德始终乐于讲解自己的发现（这些说明文的列表见下文，第56页[③]）。之前他已经发表过一些关于精神分析的简述，这五场讲座则是首次详细描述。根据受众的不同，这些说明自然有与之相应的难度，

---

① 弗洛伊德生前，讲稿被译成了多种语言：波兰语（1911），俄语（1911），匈牙利语（1912），荷兰语（1912），意大利语（1915），丹麦语（1920），法语（1921），西班牙语（1923），葡萄牙语（1931），还有日语（1933）。

② 【译注】德语版《文集》和《著作集》，即前文 *G. S.* 和 *G. W.*。

③ 【译注】编者按、正文及"〔 〕"中涉及弗洛伊德著作如无特别说明，均为英文标准版页码。"〔 〕"为英译者注。此处"列表"见本书第64页。

本文应该属于最通俗的那类，尤其是和几年后（1916—1917）发表的《引论》相比。尽管接下来的四分之一世纪里，精神分析的架构得到了各种补充，这几次讲座仍是绝佳的入门教材，几乎不需要修订。五讲读来举重若轻，清晰明了，行文不拘一格，足见弗洛伊德是位相当卓越的讲师。

里克曼（Rickman）的《西格蒙德·弗洛伊德选》（*General Selection from the Works of Sigmund Freud*，1937，3—43 页）包含了相当多本讲稿早期（1910）译本的摘录。

精神分析五讲

致礼

马萨诸塞州，伍斯特市

克拉克大学

建校二十周年庆典

1909 年 9 月

敬献

克拉克大学校长

心理学与教育学教授

斯坦利·霍尔博士，哲学博士，法学博士

第一讲

　　女士们，先生们——在新大陆，当着诸位求知若渴的听众讲课，我既感新鲜，又有些恍惚。毫无疑问，我之所以有此殊荣，只因我的名字连着精神分析；因此，我准备同大家谈的，正是精神分析。我将尽可能简明扼要地向你们介绍这门新兴诊察、治疗方法的历史及其后续发展。

　　如果说把精神分析带到人间是一件功勋，那这功勋并不属于我①。对于它的发轫，我寸功无有。另一位维也纳医生——约瑟夫・布洛伊尔博士②——首次（1880—1882年）对一位身患癔症的女子运用这种疗法时，我还是个忙于应付期末考试的学生。下面我们直接来谈谈该个案的病

———————————————

① （1923年增注：）不过，与之相应，我在《精神分析运动史》（1914*d*）里的评论称，精神分析完全归功于我。
② 约瑟夫・布洛伊尔博士，生于1842年，Kaiserliche Akademie der Wissenschaften（帝国科学院）通讯会员，以研究呼吸和平衡觉的生理学而闻名。［弗洛伊德为其作的讣文（1925*g*）中有更详细的职业生涯。］

史和治疗，详细情形你们可以参看布洛伊尔和我后来出版的《癔症研究》[1895d]①。

但容我先说一句。得知在座的各位大都不是医学人士，我并无不满。不用担心，要听懂我讲的内容无需特别的医学知识。诚然，我们的旅程在初始阶段会和医生们同行，但很快就会和他们分道扬镳，并与布洛伊尔博士一起，走上一条与众不同的道路。

布洛伊尔博士的病人是名 21 岁女子，极具智力天赋。疾病持续了两年多，其间她患上了一系列值得重视的身心失调。右侧肢体僵直性瘫痪，且伴有感觉丧失；同样的问题不时累及身体左侧。眼球运动失调，视力极大受限。难以保持头部正位；并有严重的神经性咳嗽。对进食有抵触，有一次，尽管渴得厉害，却数周无法饮水。语言能力减退，甚至到了没法说也没法理解母语的地步。最终，她陷入了"*absence*②"、错乱、妄想，整个性格都发生了改变，这就是我们现在要关注的主题。

你们即便不是医生，听到这一长串症状，也都能打包票说，我们面对的是一种重疾，也许累及了脑部，康复希

---

① 我在此书中的一些稿件已由纽约的 A．A．布里尔译成英文：《癔症论文选》(*Selected Papers on Hysteria*, New York, 1909)。[这是弗洛伊德首部译成英文的书。布洛伊尔和弗洛伊德的全本《研究》更晚（纽约，1936）才由布里尔翻译完成。新译本，即弗洛伊德"标准版"第二卷，于 1955 年问世，本个案病史（安娜·O小姐）就在第 22 页及以下。]

② ［法语术语］【译注】"失神"。

望渺茫，甚至可能导致病人妙龄而逝。然而，你们必须要有心理准备，医生会告诉你们，对于这类表现出严重症状的病例，可以采取别的、更积极的看法。如果出现此类情状的是位年轻女性患者，重要脏器（心、肾，等）经客观诊察均属正常，病人又受过强烈的情绪冲击——尤其是当她的各种症状在细节上不合乎对特定疾病的预期——那么医生就不会把该病例看得很重。他们会断定，眼前的并非脑部器质性疾病，而是一种谜样的病状，自古希腊医学时代，人们就称之为"癔症"，它能够产生错觉以及许多严重疾病。在医生看来，这类疾病并无生命危险，而且恢复健康——甚至完全恢复——也是可能的。要把这种癔症和严重的器质性疾病相区分，并不总是那么容易。但各位没有必要知道如何作出鉴别诊断；只要明确一点就足够了：布洛伊尔的这位病人，任何有能力的医生都不难给出癔症的诊断。到这里，我们可能还要从病历中引述一个更深层的事实：痼疾带走了她深爱的父亲，而她的病状正是照顾父亲时出现的，由于自身的疾病，她只得被迫停止照护父亲。

到目前为止，与医生同路都还颇有好处；但是时候与他们作别了。因为，即便脑部严重器质性疾病被癔症这一诊断取代，也切不可认为病人得到医学救治的可能性会有本质提升。面对严重脑部疾病，医学技术大多回天乏术；对于癔症性紊乱，医生也同样无能为力。医生的乐观预后何时以及如何才能实现，只能听凭仁慈的上苍。[①]

因此，将这种疾病辨识为癔症，于病人无关痛痒；可对于医生，情况则恰恰相反。很明显，医生对癔症患者的态度与对器质疾病患者截然不同。他对前者并不抱有对后者那般同情：因为癔症的病痛实际上远没有那么严重，却要求得到与重症同等的对待。此外，还有一项更深层因素在起作用。通过研究，医生掌握了许多对门外汉秘而不宣的东西：他能够对疾病——如脑中风或恶性脑肿瘤——成因及其造成的变化给出看法，既然这些看法有助于理解疾病详情，那么它们一定是中肯的。但所有这些知识——解剖学、生理学、病理学的训练——并不足以让他应对具体的癔症现象。他无法理解癔症，在癔症面前，连他自己都成了门外汉。对于任何自恃才高的人，这种情形都不讨喜。因此，他不再同情癔症病人。在他看来，这些人是在践踏他的科学定律，一如正教徒眼中的异端。他把种种恶行归到他们头上，说他们夸大事实、成心蒙骗、假意称病，从而撤回对他们的兴趣，以示惩罚。

但布洛伊尔博士对他病人的态度不应受到这种指摘。他对她既有同情又感兴趣，尽管刚开始时，他也不知道该如何帮助她。鉴于他从她病史中见证到的非凡智力和可亲

---

① 我明白，现在已经不是这样了；但讲稿里，我是将自己和听众拉回 1880 之前的年代。如果说今时不同往日，那很大程度上要归功于我现在正描绘的活动历程。

性格，似乎是她自己在让医生的工作变得轻松。很快，富有同情的细致观察让他发现了如何为她带来初步的改善。

观察显示，病人处于"失神"状态时（性格改变，伴有精神错乱），总是自言自语，仿佛这些词是从占据她大脑的某些思绪里冒出来的。记录下这些词后，医生便让她进入某种催眠状态，然后向她重复这些词，促使她以此作为起点进行展开。病人照做，进而在他面前再现了"失神"期间占据脑海、通过零散语句才得以暴露的精神产物。那都是些极其忧郁的幻想——我们可以称之为"白日梦"——有时还颇具诗的美感，起笔往往都是一位女子在父亲病榻前的身姿。说了许多这类幻想，她便如释重负，重新恢复正常的精神生活。病情的改善会持续几个小时，到第二天，"失神"又会卷土重来；而这也能以同样的方式得到克服，即让她说出新建构的幻想。人们不免得出这样的结论：她"失神"时体现的精神状态改变是高度情绪化的幻想引发的刺激所致。说来也怪，这位病人当时只能说英文，也只能听懂英文，她把这种新颖的疗法命名为"谈话疗法"（talking cure），还玩笑似的把它叫作"扫烟囱"（chimney-sweeping）。

无心插柳一般，事实很快就证明这种头脑扫除法能做的远不止对复发性精神错乱的暂时缓解。如果她能在催眠状态下，带着与之相应的情绪表现，回忆起症状首次出现的时机和情形，那就的确有可能让疾病的痛苦症状消失。

— 012 —

"时值夏令，酷暑难当，病人饱受焦渴之苦；由于不明原因，她突然发觉无法喝水。她会端着心心念念的那杯水，可一旦水碰到嘴唇，就会像恐水症一般把它推得远远的。这样做时，她显然有几秒钟的失神。为了减轻焦渴之苦，她只能靠水果过活，吃瓜之类的……这持续了大约六周，有一天，催眠期间，她抱怨了自己的英国'女伴'，她不喜欢这个人，然后接着说她是如何在某天走进了这位女伴的房间，又是如何看见女伴的狗——讨厌的畜生！——用杯子喝水。出于礼貌，病人当时一语未发。尽情发泄了当时强压的怒火后，她要了点喝的，轻松喝下了大量的水，随后便从催眠中醒来，水杯尚在唇边；这种心理障碍就此消失，再未复发。"①

可以的话，请允许我在这件事情上多说一点。以前从未有人用这种方式消除过癔症症状，也没有人对其成因有如此深入的洞见。如果能够证实病人的其他症状——或者说大多数症状——都是以布洛伊尔预料的方式形成和得到祛除，那无疑是一项重大发现。布洛伊尔笃信自己的发现，进而对病人其他更严重症状的发病机理展开了系统研究。事实的确如他所料。几乎所有症状都是这样产生的，都是情绪体验的残余——或者说"沉淀"。至于这些经历，我们后来称之为"精神创伤"，因为是创伤场景造成了症

---

① 《癔症研究》[标准版，第二卷，34 页]。

状，而症状的特性都能通过其与创伤场景的关系得到解释。严格来说，症状相当于这些场景的记忆残余，是被这些场景"决定"的，因此不必再将其描述成神经症病人反复无常、神秘莫测的造作。尽管如此，我们还需要留心一个意料之外的事实。症状的产生并不总是由于某个孤立经验，相反，通常是由多个创伤辐合而成，而且往往是大量相似创伤的重复。因此，有必要按时间顺序，更确切说，按逆向顺序再现整个致病记忆链，先新近，后久远，绝不可能跳过晚近创伤以图直接回溯至最强劲的早期创伤。

除了刚刚讲的厌恶狗用杯子喝水而导致怕水，你们现在肯定还想让我列举一些别的癔症症状成因。但是，如果要按计划讲下去，我就必须尽可能少举例子。拿这位病人的视障来说，布洛伊尔描述了症状是如何回溯至以下情形的："当时她坐在父亲床边，眼中含泪，父亲突然问她几点了。她看不清楚；费了大力气才把手表移到眼前。这时，表盘似乎显得特别大，这就能解释她的视物显大症和内斜视。还有，她强忍泪水，以免被父亲看见。[①]"此外，所有具有致病作用的印象都发生在她照护父亲期间。"一次半夜醒来，她焦虑万分，因为病人发着高烧；她急切地等待着一位维也纳外科医生来做手术。母亲离开了一会儿，安娜坐在床边，右臂后举搭在椅背上。半梦半醒之

----

① 《癔症研究》[标准版，第二卷，39—40 页]。

间，她看见一条黑蛇从墙上向病人游去，想咬他。（很可能屋后野地里确实有蛇，而且这些蛇曾经吓到过她；于是这为她的幻觉提供了素材。）她试着不让蛇靠近，但自己仿佛瘫痪了。靠在椅背上的右手陷入了沉睡，变得木僵、硬直；当她看向右手，手指都变成了长着骷髅头（指甲）的小蛇。（也许是因为她曾试图用瘫痪的右手赶走蛇，所以木僵、瘫痪和蛇的幻觉联系在了一起。）蛇一消失，惊恐万状的她就想要祈祷。但一时语塞：她找不到该用哪种语言，直到最终想起几句儿童英文诗，于是只好用这门语言来思考和祈祷。"[1] 当病人在催眠中回忆起这一幕，患病以来一直持续的右臂僵直瘫痪就消失了，治疗也到此结束。

　　若干年后，我开始对自己的病人采用布洛伊尔的诊察、治疗方法时，我的经验与他完全一致。一位 40 岁左右的女士患上某种抽搐，每当感到兴奋，或是由于某种不明原因，她就会发出奇怪的"咔啦"声。该症状源于两次经历，两者的共同之处在于，事发时，她都下定决心不发出任何声响，但又都有一种相反的意志让她用那种声音打破沉默。第一次是，她的一个孩子病了，好容易才哄睡着，于是她对自己说，一定要绝对安静，免得吵醒他。还有一次是，她和两个孩子在雷雨之中乘车，马惊了，她小心翼

---

[1] 《癔症研究》[标准版，第二卷，38—39 页]。

翼地避免发出任何声响,以免马儿更加受惊①。《癔症研究》里还报告了许多其他例子,我这里说的只是其中之一②。

　　女士们,先生们,要是说得笼统些——在今天这种简短汇报中是不可避免的——我倾向于将前面的内容总结如下:我们的癔症病人都受着回忆的折磨。症状都是特殊(创伤性)经历的残余和记忆象征。如果将之与其他领域的记忆象征作比,我们或可对此种象征作用有更深入的理解。古迹和丰碑装点着都市,它们也是记忆象征。走上伦敦街头,你们就会发现,那宏伟的铁路终点站前,有一座雕饰华美的哥特立柱——查令十字。13世纪,金雀花王朝有位国王下令将心爱的埃莉诺王后遗体移至威斯敏斯特;凡梓宫暂厝之地,国王都会竖起一架哥特十字。查令十字正是纪念这送葬旅途的最后一座纪念碑③。同一座城里,伦敦桥不远处,可以见到一座高耸的、更为新式的立柱,名字就叫"纪念碑"。它是为纪念伦敦大火所建的,1666

---

① 《癔症研究》[标准版,第二卷,第54、58页。]
② 本书的摘录,以及我关于癔症的一些新近著作,很快就会收录进纽约的A. A. 布里尔博士筹备的英译本。[见第9页脚注("第一讲"开篇脚注3)。【译注】此处谈及的是艾米·冯·N女士,《癔症研究》里的第二个案例,标准版,第二卷,第48页起。]
③ 确切来说,现有的是其中一座纪念碑的现代复制品。欧内斯特·琼斯博士告诉我,据说"查令"(Charing)这个名字是"*chère reine*"(心爱的王后)一词的讹变。

— 016 —

年，这附近燃起了一场大火，城市大部分区域皆遭焚毁。作为记忆象征，这些纪念碑与癔症症状很是相像；在这一点上，这种类比似乎很站得住脚。然而，如今要是有个伦敦人在埃莉诺王后丧礼纪念碑前悲伤驻足，而非匆匆赶赴现代工作环境去办他该办的业务，也不为自己心上的年轻女子感到欢欣，我们该怎么看待他呢？或者，尽管伦敦早已以更耀眼的光辉重焕生机，某人还是面对纪念自己心爱的都市化为灰烬的"纪念碑"潸然泪下，我们要怎样看待这样一位伦敦人呢？其实每个癔症、神经症患者都表现得和这两位不切实际的伦敦人一样。他们不但记着遥远过去的痛苦经历，还对此有着情感层面的依附；不但无法摆脱过去，还为了过去而忽视真实的、眼前的东西。精神生活对致病创伤的这类固着正是神经症最显著、最切实的特征之一。

此时此刻，你们也许会对布洛伊尔病人的病史提出异议，我认为，这种反对确有道理。毫无疑问，她所有的创伤都发生在照料病父期间，只能看作父亲患病和死亡的记忆标志。这些标志都是哀悼的体现，而且，死者尸骨未寒，对其抱有记忆上的固着肯定算不上病态，反而是个正常的情感过程。我承认，就布洛伊尔的病人而言，她对创伤有固着毫不奇怪。但在别的案例中——例如我经手的抽搐个案，其决定因素可分别追溯至十五年前、十年前——对过去的反常依恋十分显著；不过，布洛伊尔的病人要不是在经历创伤、形成症状后这么快就接受宣泄治疗，她可能也会发展成类似的情形。

目前，我们只讨论了病人癔症症状和生活事件之间的关系。但布洛伊尔的观察中还有另外两个更深层因素，这能让我们大略理解患病和康复过程是如何发生的。

首先，必须强调的是，在所有致病情境下，布洛伊尔的病人都不得不压制强烈的情绪，而无法令其以适当的情绪表达方式——语词或行为——得到卸载。在女伴的狗那段插曲里，考虑到这位女士的感受，她强压着激烈的厌恶感，未有丝毫表露；在病榻旁看护父亲时，她时刻警醒着，免得病人看到自己的焦虑和痛苦抑郁。后来，当她在布洛伊尔面前再现这些场景时，当初抑制的情感十分强劲地涌了出来，仿佛已经积压多时。实际上，症状是其中某个场景的遗留问题，一旦触及其决定性因素，症状强度就会到达顶峰，只有这个诱因得到彻底表达，症状才会消失。另一方面，人们发现，要是出于某种原因，回忆的浮现并不伴有情感表露，那么在医生面前回忆起某个场景也不会有任何效果。因此，这些情感——其强度是可移置的——它们的来龙去脉才是发病和康复的决定因素。于是可以得出这样的假设：这类疾病之所以发生，是因为致病情境产生的情感被封死了正常出路，此种疾病的本质在于，一些"被钳制"的情感被放到了异常用途。一方面，这些情感成了患者精神生活长久的负担，以及稳定的兴奋来源；另一方面，它们又经过变形，成了个案生理症状中体现的躯体神经反常兴奋、反常抑制。对于后面这种过程，我们生造了"癔症性转换"这一术语。除此以外，我们的精神兴奋还是有一部分沿着正常的躯体神经兴奋路径行进，由此形成了我们所说的"情绪表达"。对于具有情感投注的精神过程的卸载，癔症性转换进行了夸大；这是一种更激烈的情绪表达，是一条新的道路。河床分成两条河道时，一旦其中一条被障碍物阻断，另一条就会立刻充盈起来。如各位所见，一种关于癔症的纯心理学理论近在眼前，在该理论中，我们把情感过程放在首位。

布洛伊尔的第二项观察促使我们在致病的连锁事件中对各种意识状态予以高度重视。除正常状态以外，布洛伊尔的病人还表现出了一些精神异状："失神"、错乱、性格变化。正常状态下，她对致病场景及其与自己症状的关系一无所知；将这些场景遗忘，或者干脆将致病的环节隔绝开去。她被催眠时，经过相当程度的努力，便可能将这些场景召回记忆；通过这种回忆，症状得到了消除。要不是催眠的经验和实验为我们指明道路，还真不容易对上述事实进行解释。对催眠现象的研究让我们对一个乍看令人费解的认识司空见惯，即同一个人身上可以有好几个精神组织，这些精神组织可以或多或少相互独立，可以彼此"一无所知"，也可以交替控制意识。这种情形有时也会自发出现，于是就会被当作"*double conscience*①"的例证。呈现出这类人格劈裂时，意识如果稳固依附于其中一种状态，我们就称之为意识精神状态；另一种，与意识脱钩的，叫作无意识精神状态。我们熟知的"后催眠暗示"中，催眠状态接收的指令随后会在正常状态下得到无条件实施。该现象就无意识状态能对意识状态造成何种影响给出了绝佳例证；此外，它还提出了一种解释癔症现象的方式。布洛伊尔采用了一种假设：癔症症状生发自他所谓"催眠样"的特殊精神状态。根据此种观点，催眠样状态产生的兴奋之所以容易致病，是因为该状态并不具备正常卸载兴奋过程的机会。由此，兴奋过程带来了一种不寻常产物——症状。症状如异物一般突入正常状态，而正常状态又对催眠样致病情境一无所知。凡有症状处，必有遗忘，即必有记忆缺口；这个缺口得到填补，就意味着扫清了症状得以产生的前提。

恐怕前面这段叙述对你们来说不是特别清晰。但你们要知道，我们正在谈论的内容新颖而艰深，甚至可能也没有办法说得更清楚了——显然，对这个问题的认识，我们还有很长的路要走。再者，事实证明布洛伊尔的"催眠样状态"理论既无必要还很碍事，今天的精神分析早已弃之不用。后面的讲座中，你们将会看到布洛伊尔"催眠样状

---

① ［"双重意识"（dual consciousness）的法文写法。］

态"这障目之叶背后的其他作用和过程。你们也会正确得出以下认识，即布洛伊尔的研究只是对所观察现象给出的一种极不完整的理论、一种不尽人意的解释。但完备的理论绝不是从天而降的，要是有人一开始观察就向你们提出什么完备无缺的理论，那你们还是存疑为好。这种理论只不过是个人的臆测，绝非对事实公允考察的结果。

第二讲

女士们，先生们——差不多和布洛伊尔对病人使用"谈话疗法"同一时期，巴黎著名的沙可（Charcot）已经开始在沙普提厄医院（Salpêtrière）从事对癔症病人的研究了，后者的研究将会为这种疾病带来新的理解。当时，维也纳不可能有人了解沙可的研究成果。但十多年后，布洛伊尔和我发表癔症现象的心理机制"研究初探"[1893a]时，我们完全对沙可的研究入了迷。我们将病人的致病经历视为精神创伤，并将之等同于沙可确证对癔症性瘫痪具有影响的躯体创伤；沙可在催眠时人为再现了创伤性瘫痪，布洛伊尔的催眠样状态假说本不过是同一事实的回响。

这位伟大的法国观察家，我在1885—1886年成了他的学生，他本人并不倾向于采用心理学观点。率先尝试对癔症呈现的独特精神过程进行深入研究的是他的学生皮埃尔·让内（Pierre Janet），我们把心灵劈裂、人格解离当作核心命题就是效法了让内。从让内的癔症理论，你们可以读出，法国的主流观点着重于遗传和退化所起的作用。根据他的理论，癔症是神经系统的一种退化演变，是精神综合能力先天薄弱的体现。他认为，癔症病人天生就无法将多种精神过程整合为一体，因此会呈现出精神解离的倾向。要是作一个朴素而清晰的类比的话，让内描述的癔症病人会让人想到一名虚弱的女子，她出去购物，回家时是大包小包的。她的两手十指根本拿不下这么一大堆物件。因此，最开始只是一件物品没抓住；俯身去捡时，另一件又随即从她那儿溜走，如此往复。所谓"癔症病人精神薄弱"并不切实，因为我们发现，除了能力减退现象之外，还能看到一些局部效率提高的例子，仿佛是一种代偿。布洛伊尔的病人忘记母语以及除英语外一切其他语言时，她对英语的掌握水平变得相当之高，给她一本德文书，她就能立刻读出正确而流利的英文译文。

我后来独立着手接续布洛伊尔开启的研究时，很快就对癔症性解离（意识的劈裂）的根源得出了另一种看法。这个对后续一切具有决定性的分歧是不可避免的，因为我不像让内那样以室内实验为出发点，而是有着以治疗为导向的考量。

驱使我的最主要是实践方面的需要。布洛伊尔所用宣泄疗法的前提是让病人进入深度催眠状态；因为，只有在催眠状态，病人才能获知正常状态下被自己忽略的致病环节。但很快我就不喜欢催眠了，因为它是一个性能不稳，甚至神秘莫测的伙伴。我发现无论我怎么努力，也只能成功让一小部分病人进入催眠状态，于是我决定放弃催眠，让宣泄疗法与催眠分离开来。既然我不能随心所欲地调动大部分病人的精神状态，那我就设法和正常状态的他们一起工作。我不得不承认，起初，这桩事业看上去既没有意义也没有希望。我给自己的任务是，从病人那儿了解一些我不知道、他自己也不知道的东西。这怎么可能有人做得到呢？不过，有段回忆帮了我一把，那是我在南希（Nancy）跟伯恩海姆（Bernheim）学习时［1889 年］目睹的一次非同凡响、卓具教益的实验。伯恩海姆教给我们，那些被他置于催眠梦游状态并在此状态经受这样那样体验的人，只不过显得像对梦游期间的经历失去了记忆；这些记忆有可能在正常状态下复苏。的确，当他询问病人们的梦游经历时，他们起初都坚称自己对此一无所知；但如果伯恩海姆拒绝让步，坚持追问，并向他们保证说，他们其实对这些经历有所了解，那么被遗忘的经历总能重新浮现。

于是我也对自己的病人照做。每当谈到某个点时他们坚称自己不知道更多了，我都会向他们保证，他们其实是知道的，只管说出来就行；我当时斗胆宣称，一旦我的手放到他们额头上，相应的记忆就会浮现出来。通过这种方式，不用催眠，我便成功从病人那里获得了建立被遗忘致病场景与场景遗留症状之间联系所需的一切。但这种方法很费事，从长远来看，还会令人精疲力竭；这不宜用作成熟稳定的技术。

不过，直到通过该方法观察得出决定性的证据以前，我都没有弃之不用。遗忘的记忆并未丧失，我证实了这一点。这些记忆仍为病人所有，且随时都能通过病人对还记得的内容的联想而浮现；但有某种力量在阻止其进入意识，并迫使其保持在无意识。可以说，这股力量的存在是确凿无疑的，因为一旦我们试图将无意识记忆导入病人的意识，就会察觉到一种相应的、与此相抗的力量。这股维持致病条件的力量体现为病人身上的阻抗。

正是基于阻抗这一概念，我才形成了对癔症中的精神事件运作的看法。事实证明，要实现康复，就有必要消除阻抗。那么，以治疗的机制为出发点，我们现在就可以对该疾病的起源建构起相当明确的概念了。那些如今以阻抗为表现形式、阻止被遗忘素材进入意识的力量，与过去导致遗忘、导致相应致病经历被挤出意识的必然是同一类力量。我把这个假设的过程称为"压抑"，而且我认为，阻抗那确凿无疑的存在就是其明证。

由此就提出了进一步的问题：这些力量究竟是什么；既然能从压抑看出癔症的致病机制，那压抑的决定因素究竟是什么？对种种致病情境用宣泄疗法去比较研究，我们便能回答上述问题。所有这些经历都涉及某种与主体其他愿望反差剧烈的愿望冲动，且这类愿望冲动与主体的道德标准、审美水平毫不相容。内心的确是有过短暂的冲突，而这场内斗的结局是，被意识视为不相容愿望载体的观念遭到了压抑，被赶出意识，被遗忘。因此，这种愿望与病人自我的不兼容性就是压抑的动机；主体的道德准则以及其他标准则是造成压抑的力量。接受不相容愿望冲动或延长冲突都会导致高度不快；这种不快能通过压抑而得以避免，可见压抑是保护精神人格的一种方法。

例子无须太多，只讲我自己的一例个案足矣，该个案中，压抑的决定因素和用处都十分明显。不过针对当前的讲演，我得对这段病史做些删节，并略去一些重要的基本材料。病人是一名女子①，她在协助照料父亲之后，失去了这位心爱之人——和布洛伊尔病人情况类似。不久后，姐姐结婚，新姐夫令她颇有相投之感，这自然被她当作亲情掩盖了起来。又过了没多久，姐姐因病去世，我们的病人和母亲都不在场。二人被匆匆唤去，而未被告知详细情形。当她来到亡姐灵前，有个念头一闪而过，可以表达如下："他现在自由了，可以娶我了。"可以肯定，她未曾意识到的对姐夫的强烈爱意在意识中得到了流露，这个观念很快就因她自己的反感而被压抑。于是她病倒了，伴有严

① ［即伊丽莎白·冯·R小姐（Fräulein Elisabeth von R）个案，《癔症研究》中详细陈述的第五段病历，"标准版"，第二卷，135 及以下诸页。］

重的癔症症状；治疗中我发现，她原来已经完全忘记了姐姐灵前的场景，也忘记了自己流露过的丑恶的利己冲动。治疗过程中，她想了起来，而且带着极度强烈的情绪反应重现了那个致病时刻，治疗的结果就是，她康复了。

或许我可以借用此时此刻的情境给你们做个大致的类比，从而更生动地描绘出压抑及其与阻抗的必然联系。假设啊，就是这间教室，就是在座各位听众，你们的安静和专注堪称典范，我的赞赏之情溢于言表，可有这么一位，他在那儿捣乱，不成体统的笑声、喋喋不休的言语、踢来拖去的足音无不在分散我的注意力。我不得不表示讲不下去了；于是你们当中几个壮汉挺身而出，三两下就把闹事者扫地出门。那么现在他被"压抑"了，我也可以继续演讲了。但是，为避免干扰再次发生，以及被赶出去的家伙再设法闯进教室，那几位把我的意志付诸行动的绅士将椅子抵在门上，由此，压抑完成后又建立起了一层"阻抗"。现在要是把此处涉及的两个场景转换成精神上的"意识"和"无意识"，你们就能相对清晰地理解压抑过程了。

现在可以看到，我们跟让内的观点有何不同。我们并不认为精神的劈裂是源自精神器官整合能力的先天不足；而是从动力角度来解释，从对立精神力量之间的冲突来解释，把精神的劈裂理解为两个对立精神组织激斗的结果。但我们的观点也造成了许多新问题。精神冲突实在太普遍了；自我对痛苦记忆的勉力抵御十分常见，却也不至于造成精神劈裂。那么就不免要想到，冲突要造成解离，就必定还有更深层的决定因素。我也承认，压抑的假设把我们带到的不是心理学理论的终点，而是起点。我们只能一步一个脚印地前进，完善的理论注定还需要进一步深入研究。

试图用压抑的观点来解释布洛伊尔的病人并不可取。此段病历并不适宜使用这个观点，因为其研究成果是在催眠的作用下得出的。只有排除催眠，才能观察到阻抗和压抑，才能对事件的致病过程形成恰如其分的看法。催眠掩盖了阻抗，让心灵的某个区域门户大开；但反过来，催眠也在该区域四境建起了一道阻抗之墙，墙外的一切都变得触不可及。

布洛伊尔的观察给我们最有价值的教益在于，它为症状和致病经历或者所谓的精神创伤之间的关系给出了证据，而我们不能不从压抑理论的立场予以看待。乍看之下，似乎的确不可能从压抑找到一条通往症状形成的道路。对此我不做什么复杂的理论说明，还是回到前面用来解释压抑的类比吧。想也知道，赶走闹事者，在门口布置看守，并不意味着故事的结束。被扫地出门的那家伙怒从心底起、恶向胆边生，可能会给我们带来更大的麻烦。的确，他已不在我们中间；其人不见，其无礼之笑、"碎语闲言"不为所闻。但从某些方面来看，压抑并不成功；如今他在教室外面闹得不亦乐乎，大喊大叫、挥拳砸门，对我讲座的干扰远甚于他先前的恶行。这种情况下，要是我们尊敬的校长斯坦利·霍尔博士主动做个调解人、和事佬，那就再好不过了。他会去和外面那个桀骜不驯的家伙谈一谈，然后来找我们，说还是应该把那人重新接纳进来：他亲自担保那个人现在会好好表现。鉴于霍尔博士的威望，我们决定解除压抑，于是又恢复了和平与安宁。这相当不错地描绘了医生在神经症精神分析治疗中的工作。

说得更直白点，通过对癔症及其他神经症病人的研究，我们的结论是，他们对要不得的愿望所依附观念的压抑是失败的。他们的确把此种观念逐出了意识和记忆，也显然为自己省去了许多不快。但被压抑的愿望冲动仍继续在无意识中存在着。它觊觎着被激活的机会，时机一到，就能成功将经过伪装、难以辨认的被压抑观念的替代物送入意识，而该替代物很快也会附着上当初想要通过压抑而避免的不快之感。这种被压抑观念的替代物——即症状——能够顶住防御性自我的进一步攻击；取短暂冲突而代之的是不随时间推移而消失的疾病。沿着经过扭曲变形的症状，我们可以从中发现与最初被压抑观念有某种间接相似之处的残余。在病人的分析治疗过程中，替代过程的发生路径可以得到追溯；为了获得痊愈，必须沿着这样的路径对症状进行溯源，直至回到被压抑的观念。一旦被压抑物重新回到意识精神活动——前提是克服了相当强的阻抗——随之而来的便是当初病人竭力避免的精神冲突，而在医生的帮助下，该冲突可以走上比压抑给出的更好的出路。能让冲突和神经症圆满收场的合宜方案有很多，某些情况下可以兼收并用。病人会由此确信，过去对致病愿望的拒斥是错的，从而对其全盘或部分接受；或者愿望本身由此转而指向更崇高，也因此无可反对的目标（也就是我们所说的"升华"）；又或者把对愿望的拒斥视为正当，不过自动且欠缺效力的压抑机制也被替换成了一种借助了人类最高精神官能的谴责判断——由此实现了对愿望的有意识控制。

要是我没能向你们足够清晰地解释当今所谓"精神分析"疗法的基本要点，请见谅。个中难点不仅在于该主题的新颖性，还有不相容愿望的性质，这些愿望尽管遭到压抑，还是能让人感知到其在无意识中的存在；而且必定也有主观和体质的决定因素，它们在压抑失败以及替代物或症状形成前就已经在每个人身上存在了——所有这些我都要在后面几讲进一步阐明。

第三讲

女士们，先生们——要言简意赅地说清事实绝非易事；因此，我今天得对上一讲的一处不当说法予以更正。我当时讲到，弃用催眠之后，我仍坚持让病人告诉我，关于正在谈论的主题他们想到了什么，并且向他们保证，他们真的知道自己看似忘记的一切，而且他们脑海中冒出的观念①绝对包含着我们正在寻找的东西；我当时接着对你们说，我发现病人冒起的第一个观念确实带来了相应的东西，也就是被遗忘记忆的延伸。然而，普遍情形并非如此，我只是出于简洁才把事情说得这么简单。事实上，在我单纯的坚持下，只有最初几次，与被遗忘之物相应的内容得以浮现。随着疗程的深入，不断涌现的观念就可能不大对劲了，因为它们不仅与主题无关，还会被病人自己当

---

① 〔此处对应的德文是"*Einfall*"，通常译作"联想"；但这一译法是成问题的，此处宁愿用这么长一串表达都在尽可能避免使用。但我们涉及"*freier Einfall*"一词时（尽管有所异议）还是难免译成"自由联想"。〕

作错误观念加以拒斥。如此一来，就算坚持也没多大效果，我自己都觉得后悔放弃催眠了。

当此茫然无措之时，我固守着一种偏见，若干年后，在苏黎世，这种偏见在我的朋友 C. G. 荣格和他弟子们手中得到了科学验证。不得不说，有时候，怀有偏见是大有裨益的。我当时认为精神过程的抉择具有高度的严密性，我无法相信病人注意力紧绷时产生的观念是任意的、与我们探求的观念无关的。这两种观念的不同，可以用心理状态的假设得出令人满意的解释。接受治疗的病人身上有两种力量在相互对抗：一方面，他的意识试图让无意识中被遗忘的观念进入意识，另一方面，我们已对阻抗有所了解，它在竭力阻止被压抑物或其衍生物就此进入意识。如果阻抗很小或者没有阻抗，那么被遗忘内容就会毫无变形地进入意识。基于此，可作如下猜想，我们试图让某物进入意识时，遭遇的阻抗越强，它所经受的变形就越大。因此，我们要找的东西会被病人的某种观念取代，这与症状别无二致：它是被压抑物新的、人为的、暂时的替代物，其与被压抑物的相异程度和阻抗所致的变形程度正相关。不过它既然具有症状的性质，就必定与我们寻找的东西有某种相似之处；而且如果阻抗不是太强，我们应该还可以从前者推知后者。病人冒起的观念必定是对被压抑元素的影射，就如同用间接言语对其进行的表达。

现实生活中，不乏与上述情境类似的例子，产生的效果也是类似的。玩笑就是实例之一。精神分析的技术问题促使我研究了玩笑的技巧。我给大家举个例子——刚好，是个英语玩笑。

这是一则轶闻①。两个不大光彩的商人在接连投机之下成功累积了大笔财富，接着就削尖脑袋想挤进上流社会。他俩觉得有一种方法好像可行，那就是找城里名气最大、收费最贵、画誉最盛的艺术家来给自己绘制肖像。两幅宝贝画儿在一次大型晚宴上首度亮相，两位东家亲自领着最具影响力的鉴赏家兼艺术评论家来到墙边，肖像就在那儿并排挂着。这位艺术家品鉴良久，然后摇了摇头，仿佛少了点什么，于是指着两幅画之间的间隙，淡淡问道："But where's the Saviour?（可救世主在哪儿呢？）②"我看你们都被这个玩笑逗乐了。那么我们就来研究研究。显然，这位鉴赏家想说的是："你们就是两个混混，就像救世主受难时边上钉死的两个小贼。"但他并没有这么说，反而是发表了一条乍看怪不恰当又离题万里的评论，不过我们很快就能反应过来，这是对他心中恶言的影射，是对它的完美替代。不要指望能在玩笑中找到病人所产生观念的全部特征，但我们必须重视玩笑和这类观念动机的一致性。为什么那位批评家不对两位混混直截了当地说出心中

---

① 见《玩笑及其与无意识的关系》，1905c［第二章，第11部分，该故事有更长篇幅的讨论，巧的是，文中说它是个美式玩笑］。

② ［原文即是英文。］

所想？因为他有充分的相反动机在对抗"当着他们面说出来"的欲望。侮辱东道主是有风险的，他们手底下可是豢养着一大批摩拳擦掌的家丁。这样做很可能会落得上一讲我就压抑所作类比当中的下场。这就是为何那位批评家不直接说出心中的鄙薄之言，而是以一种"伴有省略的影射①"来表达，病人之所以制作出或多或少经过变形的替代物以取代我们寻找的被遗忘观念，也是出于同样的情形。

女士们，先生们，按照苏黎世学派（布洛伊勒、荣格等）的做法，用"情结"来描述一组相互依存的、带有情感投注的观念元素，是相当合适的。由此，就可以说，如果从病人记得的最后一件事入手来寻找被压抑的情结，只要病人向我们充分说出其自由联想②，我们就完全可能发现该情结。相应地，我们要允许病人说任何自己想说的，并坚持假定他脑海冒起的东西一定与我们正在寻找的情结有某种间接的相关性。要是你们觉得这种揭示情结的方法偶然性太大，我起码可以向你们保证，这是唯一可行的手段。

一旦将这种手法付诸实施，我们又会受到别的干扰。因为病人经常会说说停停，或者干脆停止言说，进而声称

---

① ［这是弗洛伊德关于玩笑的书中提及该轶闻的段落所描述的技巧之一。］
② ［见第29页脚注。］【译注】见第31页关于"*Einfall*"的脚注。

自己想不到什么要说的，心中浮现不出任何东西。要是果真如此，要是病人说的是真的，那我们的方法会再次被证明无效。但更细致的观察表明，这种观念涌动的停滞其实从未发生。之所以看似在发生，只因病人是在阻抗的影响下隐瞒或消弭自己有所察觉的观念——阻抗会把自己伪装成对病人所冒起观念的各种苛刻评判。我们可以通过事先提醒病人不要有这种行为，并要求他不要理会这种批判意见，从而免受影响。我们告诉他，必须完全摒弃任何这类批判性选择，即便认为不正确、不相干、不合理，甚至觉得一想起来就会感到不快，也要把头脑中呈现的任何东西都说出来。只要这条规则得到贯彻，我们就一定能获得能让被压抑情结有迹可循的材料。

病人受阻抗影响而不听信医生时，精神分析家手中的联想材料，实事求是地说，就如同矿石原石，借助一些简单的解释方法，便可提炼出其中蕴含的真金。如果急于快速、短暂获知病人被压抑的情结，而不深入情结的排列方式和内部关联，那你们可以使用荣格（1906）及其弟子们研发的"联想实验"作为检验方法。该方法之于精神分析家，一如定性分析之于化学家。神经症病人的治疗中不一定用得上它，但它在情结的客观演示以及精神病患者的诊察中是不可或缺的，在精神病研究方面，苏黎世学派成果颇丰。

研究病人经由精神分析主要规则而冒起的观念，这并非揭示无意识的唯一技术手段。用另外两种方法也可达成同样的目的：对病人梦的解释，以及对过失、随意行为的剖析。

女士们，先生们，不得不说，我犹豫了很久，是不是不要带着你们在整个精神分析领域走马观花，详细讲讲释梦[①]反倒更好。令我踌躇的是一个纯粹主观且看似次要的念头。在你们对这门陈旧迂腐、备受嘲讽的技艺可能具备的重要性有所了解之前，我觉得，在一个务实的国家以"释梦者"的形象抛头露面不很妥当。梦的解析其实是通往无意识知识的王道[②]；它是精神分析最坚实的基础，也是每个工作者必须抱有信念并接受训练的领域。要是有人问我，怎样才能成为精神分析家，我的回答是："研究自己的梦。"目前，精神分析的每一位反对者都饱含着歧视，不是对《释梦》不屑一顾，就是打算凭着最肤浅的异见对其避而不谈。相反，要是你们能够重视梦境生活问题的解答，那么你们借助精神分析而看到的新事物就不会造成更多困扰。

你们要记着，我们晚上做的梦一方面与疯癫状态的创作有极大的外在相似性和内在亲缘性，另一方面又与清醒

---

① 《释梦》（1900a）。

② ［这句话用词几乎和《释梦》第二版（1909）完全一样（标准版，第五卷，608页）。］

生活中的完全健康毫不冲突。对于这类"正常的"幻觉、妄想、性格变化，任何投以讶异而非理解目光的人，都绝不可能了解病理精神状态的异常结构，与外行无异。你们可以放心大胆地把几乎所有精神科医生都归入这类外行之中。

现在，请诸位和我一道，到梦的领域来一次浅浅的遨游。醒着的时候，和病人对待精神分析家叫他们做的联想一样，我们习惯了对梦不屑一顾。我们通常会迅速而彻底地把梦忘记，不当回事。我们对梦的低估，是因为，就算有的梦既非含混不清、意义不明，也总还是透着离奇，而另一些梦则纯粹悖谬无稽、荒诞不经。我们对梦的不当回事，与某些梦肆无忌惮表露的寡廉鲜耻以及种种背德倾向有关。而众所周知，古时候对梦可不是这般看轻。当今社会的下层人士也从未怀疑梦的价值；他们和古人一样，都祈盼梦能揭晓未来。说实话，我觉得没必要为了填补现有的知识空白而大搞神秘假设，我也从未发现有任何东西能够证实梦具有预言性质。关于梦，还有许多其他同样精妙绝伦的东西值得一谈。

首先，对梦者来说，并非所有的梦都是陌生的、难懂的、令人迷惑的。你们如果去考察满 18 个月的幼儿的梦，就会发现它们非常简单，很容易解释。小孩子总是梦到前一天心心念念却又未能如意的愿望的实现。要得出这个简单的答案，不需要任何解释技艺；只用问问孩子前一天

（"梦的那天"）的经历就足够了。当然，如果成年人的梦和孩子的梦一样——也是梦的那天出现的愿望冲动的实现，那么梦的谜语就能得到最令人满意的解答。事实也确实如此。只要对梦的分析更加仔细，通往谜底之路上的困难就能一步步得到克服。

最直观、最严肃的反对意见是，成年人梦的内容通常都难以理解，完全不似愿望的满足。这是因为：这些梦已经经过了变形；背后的精神过程原本是要用完全不同的词来表达的。你们必须区分梦的外显内容——你们早晨隐约记得，并且可以勉强（并且看似任意武断地）用词来表达；以及隐含梦思——你们必须认为其处于无意识中。梦的变形和你们在研究癔症症状形成时有所了解的过程别无二致。也就是说，在梦与症状的形成中，是同样的精神力量在相互作用。梦的外显内容是无意识梦思经过变形的替代物，这种变形是自我防御力量——即阻抗力量——的结果。在清醒生活中，这些阻抗可以完全阻止无意识中被压抑的愿望进入意识；即便在更加松弛的睡眠状态下，阻抗也起码足以迫使无意识愿望披上一层伪装的面纱。由此，梦者便再也不能理解自己梦的意义，一如癔症患者无法理解自身症状背后的联系和意义。

你们只要用精神分析技术去分析梦，就会确信，的确存在所谓的隐含梦思，其与梦外显内容的关系也的确如我所述。要完全无视显梦中各个元素明面上的联系，去收集自由联想这一精神分析原则之下各单独元素让你们想到的观念。经由这类材料，你们就可抵达隐含梦思，就如同可以通过病人关于症状和记忆的联想抵达其潜藏的情结。通过这种方式触及的隐含梦思立刻就会向你们表明，我们把成人的梦倒推成孩子的梦是多么合理。梦的真正意义此时已经取代了外显内容，这种意义总是清晰易懂；它总是以前一天的经历为出发点，且总是未满足愿望的实现。因此，各位醒来时凭记忆而知晓的显梦只不过是被压抑愿望变形的实现。

你们也可以通过一种综合工作来了解将无意识梦思变形成梦的外显内容的过程。我们把该过程称为"梦的加工"。它值得我们予以最高的理论关切，因为我们可以从中了解到——毕竟别处都不行——无意识之中，或者更准确地说，意识和无意识这两个独立的精神系统之间发生着什么不为人知的精神过程。在这些新近发现的精神过程中，凝缩和移置尤其引人瞩目。梦的加工是两个不同精神组织相互影响所造成的特殊情况——也就是精神劈裂所造成的后果；它似乎本质上和只要压抑不成功就把被压抑情结转化为症状的变形过程别无二致。

通过对梦的分析（对你们自己梦的分析最为令人信服），你们会惊讶地发现，童年早期的印象和经历在人的发展中发挥了何等出乎意料的重要作用。梦境生活中，成人内心的小孩继续存在着，也因此保留着所有孩提的特征和愿望冲动，尽管它们在后来的生活中早已变得无用。你们必定会清楚地看到种种发展、压抑、升华，以及反向形成，正是经由这些途径，先天禀赋各异的孩子才长成了我们所谓的正常人——来之不易的文明的传承人，某种意义上，也成了文明的受害者。

我也希望各位注意到，梦的分析表明，无意识会运用某种象征作用，尤其是表达性情结的时候。这种象征作用一方面因人而异；另一方面也具有一定典型，而且，根据我们的猜想，这和神话、童话背后的象征作用相吻合。看来，借助梦来解释这些大众心灵的创作也不无可能。

最后，我必须提醒你们，不要因"焦虑梦的出现令梦是愿望的实现这一观点自相矛盾"这样的异议而退缩。和别的梦一样，在对焦虑的梦作出任何判断之前，也需要作出解释，除此以外，我们也必须给出具有一般性的强调：和对神经症焦虑的决定因素缺乏认识和考量的人们所想象的不同，焦虑并非以简单直白的方式依托于梦的内容。焦虑是自我拒斥强大起来的被压抑愿望时的反应之一；当梦的形成太过着眼于被压抑愿望的实现时，焦虑在梦中的呈现也就很容易解释了。

如你们所见，梦的研究只有给出一些其他途径难以获得的信息，才能自证正当性。但事实上，我们是透过神经症的精神分析治疗才涉足这一主题的。根据我前面讲的内容，只要病人的阻抗没有造成太大困难，你们就很容易理解，释梦如何能让病人获知自身隐藏、压抑的愿望，并获知从这些愿望汲取养分的情结；接下来，我就要讲到第三组精神现象，这方面的研究已经成了精神分析的技术手段之一。

这种现象就是正常人和神经症患者都会犯的，通常无关紧要的过失行为：忘记应该记得的事情，有时则是忘记本来记得的东西（例如，偶尔会想不起一些专名），我们说话时经常发生的口误，以及与之类似的笔误、读误，做事做得笨手笨脚，弄丢或打破物件，等等。人们一般不会追究所有这类事情的心理决定因素，而是把它们当作分心、疏忽或类似原因造成的结果而毫无争议地任其发生。此外，有些动作和手势是人在毫无察觉的情况下做出的，更不要说赋予它们什么心理学意义了：瞎玩、瞎摆弄物件，哼小曲儿，摸自己身上、衣服上某个地方，不一而足[1]。这些小事——过失行为和症状、偶然行为都一样——并不像人们心照不宣的那般无关紧要。它们都有自己的意义，通常可以经由其发生的情境而简单明了地得出解释。而且，事实又一次证明，它们是在表达某些必须从意识中掩盖、隐去的冲动和意图，或者说，它们其实就是源自这些被压抑的愿望冲动和情结，而我们已经知道，后者是症状的创造者以及梦的编织者。因此，过失行为也应

---

[1] 见《日常生活心理病理学》（*The Psychopathology of Everyday Life*）（1901*b*）。

该被归为症状，只要对它们进行考察，就会和梦的研究一样，揭开心灵的隐藏部分。一个人最幽深的秘密往往会借由过失行为而得以透露。如果说它们轻易而频繁地发生在健康人身上——即便健康人那里无意识冲动的压抑总体上相当成功——这要归功于它们的平凡和琐屑。但其理论价值堪称不凡，因为它们证明了：即便在健康状态下，也会有压抑和替代的形成。

你们已经看到，精神分析家的特点是笃信精神生活的决定论。对分析家们而言，没有什么是微不足道、任意武断或随机偶然的。他们一贯期望在未曾设想的地方找到充分的动机。的确，人们对因果关系天生的渴求仅仅满足于单一精神诱因，分析家们却打算为同一个精神事件找出多个动机。

如果各位把我们用来解释心灵中隐藏、遗忘、压抑之物的诸多已有方法（对病人自由联想时冒起的观念，对他们的梦，以及对过失和症状行为的研究）结合起来，再考虑别的一些精神分析治疗中发生的现象——这一点我后面会在讲"转移"的时候做一些阐述——如果各位把所有这些放在心上，那你们就会和我得出一样的结论：我们这门技术已经足以有效完成其任务——将致病精神材料带到意识当中，从而摆脱替代性症状形成所致的种种病症。如果我们对健康和病态人类心灵的了解随着治疗活动的开展而扩展、加深，那当然只能归结于我们这项工作的某种独特魅力。

诸位可能会觉得，我刚刚向你们盘点的这门技术十分困难。而在我看来，该技术之于其要应对的材料可谓量体裁衣。不过至少有一点是清楚的：它不是不言自明的，而是必须像学习组织学或外科学技术那样认真学习的。要是告诉你们，欧洲许多关于精神分析的评判都出自对这门技术一窍不通且毫无实践的人，你们可能会感到惊讶；而且他们还总是带着轻蔑的态度要我们向他们证明该发现的正确性。这些反对者中，毫无疑问有些人对科学的思维模式并不陌生，打个比方，他们不会因肉眼无法直接观测解剖学切片而排斥显微镜的检视结果，而是更愿意借助显微镜来亲自得出判断。但就精神分析而言，得到这种承认的前景的确不容乐观。精神分析试图让意识觉知到精神生活中被压抑的事物；而每个对精神分析评头论足的家伙其实自己也是人，也有着相同的压抑，而且可能是费尽周折才维持下来的压抑。因此，他们身上必定会生发出和病人一样的阻抗，并且这种阻抗很容易伪装成一种理智层面的排斥，也容易引发我们通过精神分析基本规则事先提醒病人不要有的那些说法。和在病人身上观察到的一样，我们也时常在反对者身上发现，就判断力的减弱而言，他们明显受到了来自情感层面的影响。意识的傲慢（例如对梦嗤之以鼻）是最强有力的防护手段之一，它在总体上保护着人们免受无意识情结的侵袭。这也就是为什么很难让人们相信无意识的真实性，并承认与意识知识相悖的新事物。

第四讲

　　女士们，先生们——你们现在一定很想知道，借助前面讲的技术手段，我们关于神经症的致病情结和被压抑的愿望冲动究竟有何发现。

　　我们首要的发现是这样的：出奇地规律，精神分析研究总能将病人的症状追溯到爱若生活①中的印象。这表明，致病的愿望冲动本质上都具有爱若本能的成分；因此，我们不得不认为，在导致疾病的诸多影响因素中，爱若扰动的重要性首屈一指，两性皆然。

　　我知道，人们不愿意相信我这个论断。即便是打算追随我心理学研究的工作者，也倾向于认为我过分强调了性

---

① 【译注】英文为 *erotic life*。现有精神分析汉译作品中，以 "eros" 为词根的术语有诸多译法，例如有的译者将 erotic life 译为 "性生活"，erotic disturbance 译为 "性障碍"，eroticism 译为 "色情欲望"，等等。Eros，是希腊神话中创世之初的爱神，在精神分析理论中指涉与身体快感有关的一切，不过并未与生殖功能混为一谈，而是广泛涉及了身体各个部分，下文关于幼儿性欲的论述就是很好的例子。将之译为 "色欲" 过于局限，译为 "性" 虽然相对合适但易与词根为 "sex" 的术语混淆。译者承袭了四川大学应用心理学系精神分析与心理治疗方向的译法，音译意译结合，在特定语境下将 "ero-" 相关术语译作 "爱若-"。

因素的作用；他们向我提出质疑，为什么别的精神刺激不会导致我所描述的压抑和替代形成之类的现象。我只能说，我不知道为什么别的精神刺激不会这样，我也不反对它们可以导致这类现象；不过经验表明，它们并没有那么重要，充其量只是辅助性因素的运作，而无法替代性因素。在我提出这一理论假设之前——1895 年和布洛伊尔博士联合出版《癔症研究》时——连我自己都未曾采取这一立场；直到经验越来越丰富，对该主题的钻研越来越深入，我才转至这一立场。在座的听众里，有几位是我的密友和追随者，他们和我一起来到了伍斯特。去问问他们，你们就会知道，他们一开始都根本不相信我"性诱因具有决定性的意义"这一论断，直到他们自己的分析经验让他们不得不信。

病人的言行并不会让人们更容易相信该观点的正确性。因为比起向我们坦承自己性生活的相关信息，他们宁愿竭力将之隐瞒。一般来说，人们在性方面是不坦率的。他们不会直率地表达自身的性欲，而会用谎言织就的厚外衣将之掩藏起来，就仿佛性的花花世界里天气不佳。不过他们也没错。我们这个文明世界，对于性活动，的确是风不和日不丽；没有人可以自由地向别人袒露自己的爱若冲动。但当你们的病人发现，在接受治疗时能泰然处之，他们就会揭去这层谎言的面纱，只有这时，你们才能对这个颇具争议的问题作出判断。可惜的是，至于谈论性生活的问题，医生并不比与病人有所私交的人更值得青睐，毕竟许多医生也都身中真淫乱假道学这一主宰"文明人"性态度的魔咒。

我还是接着讲我们的发现。另一些案例中，精神分析研究将症状回溯到的确实不是性经历，而是一些常见的创伤。但受制于另一个条件，这种区分失去了意义。因为分析要让案例得到透彻解释、全然康复，就绝不能止步于疾病发作的时刻，而是一定要追溯到病人的青春期和童年早期；正是这个阶段的印象和事件决定着后来疾病的发作。只有童年的经历才能解释对后来创伤的易感性，只有通过揭示这些几乎总被遗忘的记忆痕迹并使其进入意识，我们才有能力摆脱症状。于是我们得出了与梦的研究相同的结论：童年期诸多不可磨灭的、被压抑的愿望冲动一路为症状的建构提供了动力，要是没有它们，对后来创伤的应对方式或将采取正常路径。但童年时期这些强有力的愿望冲动无一例外都可算作性的冲动。

我现在终于可以肯定，我讲的东西让你们大跌眼镜。你们一定会问，"那么，有没有所谓的幼儿性欲呢？""恰恰相反，童年难道不是以性本能缺位而著称的人生阶段吗？"不，诸君，性本能绝不是像《福音书》中魔鬼附身猪群那般在青春期进入孩子体内的。孩子打一开始就具有性本能和性活动；孩子本就是带着它们降生的，经过许许多多发展阶段，性本能和性活动才演变成所谓的成人正常性欲。要在孩子身上观察到性活动的表现根本毫无难度，要忽视它们，或者粉饰太平，反倒很考验技术。

幸运的是，我可以从在座诸君当中传唤一位证人来佐证我的论断。我手头有一篇桑福德·贝尔博士（Dr. Sanford Bell）1902 年发表在《美国心理学杂志》上的论文。该作者是克拉克大学，也就是我们现在齐聚一堂的这所院校的研究人员。这篇题为《两性之间爱的情感的初步研究》的文章比我的《性学三论》[1905d] 还要早三年，作者在文中表达的完全就是我刚刚讲给大家的内容："性爱的情感……并不像人们以为的那样，肇发于青春期。"他这篇作品是按我们欧洲所谓的"美国方式"来呈现的，文章收集了横跨 15 年不下 2 500 个实证观察，其中 800 个是他自己的观察。至于这些爱情故事所透露的种种迹象，他这样写道："在对数百对青梅竹马情侣表现的观察中，任何不加偏见的头脑都不免认为这些表现起源于性。这些观察加上他们自己的陈述——他们小时候体验到的情感相当强烈，而且对童年的记忆相对清晰——连最严苛的人都会信服。"不过你们当中不愿相信"幼儿性欲"的人一定会无比惊讶，这些早早坠入爱河的孩子们，有不少都只有三到五岁的稚龄。

要是比起我的观察你们更愿意相信这位同胞，我也不会感到意外。最近，借助一例受焦虑之苦的五岁男孩的分析——分析是孩子的父亲用正确的分析技术开展的——我有幸对儿童爱若生活早期的躯体本能表现和精神产物有了相对全面的了解[1]。我也提醒各位，就在几个小时以前，就在这间教室，我的朋友 C. G. 荣格博士向你们报告了一例对更年幼女孩的观察，她有着和我病人一样的发作诱因（家中更年幼小孩的降生），可以肯定地推断，她这里存在着几乎相同的感官冲动、愿望和情结［参看，荣格，1910］。因此，对于你们转而接纳乍看奇谈怪论的"幼儿性欲"，我仍抱有希望。我还想向你们讲一则苏黎世精神病学家的美谈。E. 布洛伊勒博士，曾经还公然宣称无法理解我的幼儿性欲理论，而后来，他根据自己的观察充分证实了幼儿性欲的存在（参看，布洛伊勒，1908）。

大多数人（医学观察者也好，其他人也罢）之所以对儿童性生活充耳不闻，解释起来再容易不过了。为了适应文明生活，他们早已在教化的压力下忘却了自己的幼儿性行为，并且不愿重提那些被压抑的东西。一旦通过自我分析、回顾和解释来复盘自身的童年记忆，他们就会倒向另一种信念。

那么，就请各位放下疑虑，和我一道从最早年开始考

---

[1] 《一例五岁儿童恐惧症的分析》（"The Analysis of a Phobia in a Five-Year-Old Boy"）［弗洛伊德，1909*b*］。

察幼儿性欲吧①。孩子的性本能其实是由许多因素组合而成的，它可以分成若干来源各异的组成部分。最重要的是，幼儿性欲虽然后来会服务于生殖功能，但仍是独立于该功能的。它的作用在于获得各种各样的快感，而基于类比和内在联系，我们可以把这些快感统统归结为性快感。幼儿性快感的主要来源是与身体某些易受刺激部位相应的兴奋：除了生殖器，这些部位还包括口腔、肛门、尿道口，以及皮肤和其他一些感觉表面。因为幼儿性生活第一阶段的满足都是来自主体自己的身体，外部对象是无关紧要的，所以我们把这个阶段（借用哈维洛克·艾利斯［Have-lock Ellis］首创的术语）称作自体爱若。我们把在获得性快感过程中起到重要作用的身体部位称为"爱若区"。婴幼儿吮吸拇指（或者满怀愉悦的吮吸）就是通过爱若区获得自体爱若满足的上好例证。该现象的第一位科学观察者是布达佩斯的一名儿科医生，叫林德纳（Lindner）（1879），他早已准确地将之解释成性满足，并且详尽描述了它向其他更高级性活动的转变。这一时期的另一种性满足是生殖器的手淫兴奋，这种性满足在后来的生活中仍然极具重要性，并且许多人都未能完全戒除。除了这样那样的自体爱若活动，我们还在极其年幼的孩子身上发现了一些把某个外部人物选作对象的性快感本能组分（或者按照

① 参看《性学三论》（1905d）。

我们常用的说法，力比多本能组分）。这些本能以相互对立——主动和被动——的形式成对出现。其中最具代表性的，可能要数制造痛苦的欲望（施虐）和它的被动对子（受虐），以及关于目光的主被动欲望，前者衍生出了好奇心，后者则衍生出了艺术和戏剧表演的冲动。儿童的其他性活动已经暗含了某种"对象选择"，此时某个外部人物成为主角，该人物的重要性首先是出于孩子的自保本能。但童年早期，性别差异还起不到决定性的作用。因此，认为每个孩子都有一定程度的同性恋倾向也并无不当。广泛分布、样态繁多而又互不相干的儿童性生活——每项本能各自为政，独立寻求相应快感而不顾其余部分——后来得到了整合，并按照两个主要方向组织了起来，从而在青春期结束时，个体的最终性征大致完全成型。一方面，互不相干的各种本能开始臣服于生殖区的支配，整个性生活全力为生殖服务，各单项性本能的满足仅在准备和促进正戏方面保有其重要性。另一方面，"对象选择"把自体爱若推到了幕后，如此一来，主体爱若生活中的各种本能组分开始通过与爱人的关系来寻求满足。只不过不是所有早期性组分都能参与性欲的最终确立。甚至在青春期以前，由于教育的影响，对某些本能的压抑就已经发生了，羞耻心、厌恶感、道德感之类的精神力量由此确立，像巡逻兵一样拱卫着压抑。因此，性需求的潮汐在青春期汹涌而来时，便会迎头撞上反抗或者说阻抗结成的堤坝，这类结构会把涌动的春潮引向所谓的正常渠道，从而使其无法再次激活被压抑的本能。尤其是孩提时的嗜粪冲动——也就是附着于排泄物的欲望——受到了最严苛的压抑，此外，受到同等压抑的还有对童年早期对象选择所依附人物的固着。

　　诸位，鉴于各个发展过程都可能遭到抑制、延迟，或者半途而废，普通病理学当中就有一句格言，说每个过程都自带病态倾向的种子。高度复杂的性功能发展过程也是如此。该过程在每个个体身上都不会一帆风顺；而且一旦不顺，它就会经由退化（比如退行）遗留一些异状，或者造成在将来容易患病的体质。有时候，并非所有本能组分都臣服于生殖区的支配。这种保持独立的本能会导致我们所说的性变态，并可能用其自身的性目的取代正常的性目的。正如我前面讲的，自体爱若往往不会被完全戒除，各种随之而来的障碍就是证据。起初把两性都当作性对象的等量齐观可能会延续下去，导致成人生活中的同性恋活动倾向，某些情况下，该倾向可能会激化成排他性的同性恋。这类障碍体现了性功能发展过程中的一些直接抑制；性变态以及性生活中常见的孩子气行为均属此列。
　　神经症的易感体质以另一种方式起源于受损的性发展。神经症之于性变态，一如被动之于主动。神经症中作为情结载体、症状基石的本能组分与性变态中别无二致，只不过仍在无意识中发挥作用。因此这些本能组分即便遭到压抑，也能顶住压抑，在无意识中持续存在着。精神分析表明，若这些本能在年纪幼冲之时表现得过于强烈，就会导致某种部分固着，从而造成性功能结构中的薄弱环节。长大成人后，一旦正常的性功能表现遇到障碍，发展过程中的压抑就会在幼儿固着发生的点上寻求突破口。

但听到这里，你们一定会反对，说所有这些都算不得性欲。我也乐得向你们承认，性欲一词，我的用法比大家的习惯用法要宽泛得多。但问题在于，把这个词的用法局限在生殖层面，是否你们才是过于狭隘的一方呢？也就是说，你们是在把对性变态，以及对性变态、神经症和正常性生活之间关系的理解弃于不顾；是在让自己无法真正理解儿童躯体和精神爱若生活那显而易见的萌芽。但无论你们决定怎么措辞，都必须记着，精神分析家正是有了对幼儿性欲的考量才得以在完整意义上理解性欲。

所以我们还是讲回儿童的性发展吧。由于我们前边对躯体层面性生活现象的关注多过精神层面，我们得把这部分差额补上。孩子最初的对象选择——出于孩子对帮助的需要——值得我们进一步关注。这一选择首先是指向所有照顾他的人，但很快，这些人都会让位于父母。孩子和父母的关系，从对孩子的直接观察以及从对成人的分析问诊来看，绝非不伴有性兴奋的因素。孩子将父母双方，尤其是其中一方，当作爱若愿望的对象。孩子会因此而遵从父母的指示，尽管就性目的的达成而言受到了抑制，父母的关爱仍然极具性活动的色彩。一般来说，父亲钟爱女儿，母亲偏疼儿子；孩子的反应，如果是儿子，就是希望取代父亲的位置，如果是女儿，则是取代母亲。亲子关系，以及由此产生的手足关系当中，呈现的感情不仅有正面的、情深意浓的，也有负面的、饱含敌意的。如此这般形成的情结注定很早就会遭到压抑，但它仍会在无意识中发挥深远影响。可以推测，它和它的衍生物一道，构成了每个神经症的核心情结，而且我们可以想见，它在精神生活的其他领域也同样活跃。"俄狄浦斯王"杀死了自己的父亲，娶了自己的母亲，这则神话几乎原封不动地揭示了幼儿的愿望，而这种愿望后来被乱伦阻障排斥和否定。莎士比亚的《哈姆雷特》同样生发于乱伦情结的土壤，只不过伪装得更精巧些①。

在孩子由尚未受到压抑的核心情结主导时，他相当一部分智力活动将服务于自己的性趣。他开始打探婴儿从何而来，并且根据见闻的迹象，猜得出乎成人意料的准。这方面的研究兴趣通常是因为新生儿的到来让他感到了真正的威胁，他一开始也只是把这个新生儿视作竞争对手。在

---

① 〔在这几次讲座后不久，弗洛伊德才首次采用了"俄狄浦斯情结"，见《爱情心理学文集》（"Contributions to the Psychology of Love" 1910h）中收录的第一篇文章。见下文第 171 页。〕

种种性本能组分的影响下，他得出了一系列"幼儿性理论"——例如认为两性都同样具有男性生殖器，或者认为小婴儿是通过吃东西怀上，从肠道生出来的，又或者是把性交看成某种敌对行为、某种暴力征服。不过由于性体格构造的发育不全，以及对女性阴道隐秘属性的无知，这位小小调查员只得放弃他那失败的研究。但这项稚气的研究本身，以及由此发现的各种幼儿性理论，对于孩子的性格还有后来的神经症内容依然极具重要性。

孩子把父母作为爱的最初对象，这不可避免，也完全正常。但他的力比多不会一直固着于这些最初的对象；到后来，力比多只会把父母当作一个模子，等到最终选择对象时，就会逐渐过渡到外人身上。因此，如果不想危及年轻人的社会适应力，孩子与父母的分离就是一项不可回避的任务。压抑对各种本能组分进行区别对待的时候，以及后来父母的影响——这对于在压抑上消耗的能量大小极其关键——式微的时候，教育就会面临重大问题，而目前来看，这些问题并不总能以体谅和婉转的方式得到解决。

女士们，先生们，切不要以为这些关于性生活及儿童精神性发展的讨论偏离了精神分析和神经症治疗的主题。你们愿意的话，可以认为精神分析不过是教育的延伸，为的是克服童年期的残余。

第五讲

女士们，先生们——随着幼儿性欲的发现以及把神经症症状回溯至性本能组分，我们就神经症的性质和目的总结出了意想不到的规律。我们发现，爱若的需要在现实中的满足受挫时——由于外部障碍或内在适应力的欠缺——人就会患上疾病；这些人躲在疾病背后，用疾病来替代先前受挫的满足。我们认识到，病理症状构成了主体性活动的一部分，甚至整个性生活；我们还发现，撤离现实不仅是疾病的主要目的，更是疾病造成的主要危害。我们猜想，病人对康复的阻抗并不简单，而是由多种动机复合而成。不仅病人的自我不愿放弃阻抗，因为正是经由阻抗，自我才超越了其最初的禀赋，而且各种性本能也不愿放弃既有的替代满足，因为无法确定现实能否给它们提供更好的满足。

这种由不称人意的现实朝向疾病（说是疾病，却也不是从未直接给病人带来过快感）的逃遁，采取了退化、退行的方式，退回性生活的早期阶段，即满足还未受压制的阶段。这种退行具有双重性：一是时间上的退行，力比多以及爱若需要，都会折返就时间而言更早的发展阶段；二是形式上的退行，即改用初期和原始的精神表达方式来表露前述需要。总之，两种退行都朝向童年，联手让性生活呈现出童稚状态。

越是深入了解神经症的病因，你们就越能明白神经症和其他人类心灵产物——包括最有价值的产物——之间的联系。你们会了解到，我们人类享有高度文明又身负内在压抑，觉得现实不如意是相当普遍的，因此便心怀幻想，用幻想中愿望的实现来弥补现实的空乏。这些幻想极大程度囊括了主体在现实中被压抑的人格和冲动的核心要素。精力充沛、有所成就的人，会通过努力让满足愿望的幻想成为现实。要是由于外部世界的抗力和主体自身的弱点而失败了，就开始远离现实，缩入他那更加宜人的幻想世界，幻想世界的内容则会转化成他后来所患疾病的症状。要是情况乐观，他依然有可能通过其他途径走出幻想、进入现实，而不是退行至幼儿期以永久疏离现实。一个与现实格格不入的人要是有艺术天赋（这东西对我们来说仍是一个心理学的未解之谜），就可以把自己的幻想转化成艺术创作，而不是症状。如此一来，他便能免于神经症的厄运，并通过这条迂回的道路重获与现实的联系（参见，兰克，1907）。可如果对现实世界一再违拗，又没有难能可贵的天赋，或是天资不足，那么，不可避免地，力比多就会朝着幻想的源头退行，重新唤醒幼儿时的愿望，并最终导致神经症。如今，神经症取代修道院，成了面对生活落寞失望、力不从心之人的避世之所。

这个时候，我就要说一说精神分析对神经症研究的主要发现了：神经症的精神内容并无特殊之处，而且健康人身上也有。或者，就像荣格前面讲的，我们健康人也一样在对抗那些让神经症患者生病的情结。这场斗争的结局是健康，是神经症，还是此消彼长换来的高超成就，取决于量的因素，即各冲突力量的相对强弱。

女士们，先生们，有一项观察让我们确证了运作于神经症中的性本能力量的假设，这项至关重要的观察我还没有讲到。每一例神经症患者的精神分析治疗中，都会出现一种叫"转移"的怪现象。就是说，病人对医生产生了某种程度的温情（也时常混杂着敌意），这种情感并非基于医患间的真实关系——转移发生时的种种细节都表明了这一点——而是只能溯源为病人曾经的无意识愿望满足幻想。如此一来，病人那部分难以忆及的情感便在与医生的关系中得到了重新体验；也正是"转移"中的重新体验，让他确信了无意识性冲动的存在和力量。打个化学的比方，他的症状就好比爱的（最宽泛意义上的爱）早期经验的沉淀，只有在转移体验的加温之下，这些沉淀才能分解，从而还原为其他精神产物。请允许我从费伦齐（1909）那里借用一个恰如其分的表达：在这种反应里，医生扮演了催化剂的角色，暂时把反应过程中释放的情感吸到了自己身上。催眠当初曾是我们探究病人无意识的技术手段，关于转移的研究也有助于你们对催眠暗示的理解。当时的人们发现，催眠虽然具有治疗上的效用，却妨碍了对事实的科学理解；因为它在扫清特定区域精神阻抗的同时，也把该区域四境的阻抗筑成了不可逾越的高墙。可你们也不要以为转移现象（很遗憾，对此，我今天讲不了太多）是由精神分析的影响创造的。和病人与医生之间的转移一样，所有人际关系里都会自发产生转移。转移一直都是治疗影响力的真正载体；而且越是察觉不到转移，转移的作用就越强。因此，精神分析并未创造转移，而只是向意识揭示转移，并控制转移以使精神过程走向期望的目标。然而，在给转移这个话题收尾之前，我还必须强调一点，即转移现象不仅在病人，也在医生对性本能力量假设产生确信的过程中起决定作用。我知道，我所有的追随者都是如此，他们都是有了自己的转移体验之后，才相信我关于神经症发病机制的论断是正确的；我完全理解，要是没有实践过精神分析，没有亲眼观察到转移的作用，谁也不可能得出如此肯定的判断。

女士们，先生们，从理智层面来看，我认为，必须注意到，精神分析思想要获得公认，有两道特殊的障碍。首先，人们一般不会把决定论严格而普遍地用于精神生活；其次，有些特别的东西让无意识精神过程有别于为人熟知的意识过程，而人们对此一无所知。病人和健康人都一样，人群中对精神分析最普遍的阻抗之一可以归结于上述两个因素的第二点。人们害怕被精神分析伤害；他们害怕被压抑的性本能进入病人的意识，就仿佛这会带来一种危险——让他那崇高的道德风尚不堪重负，并将他的文化习得掠扫一空①。人们明知病人心中有痛处，却又不敢去碰，怕加剧他的苦楚。这个类比是有道理的。要是只能徒增伤痛，不去触碰痛点无疑更为仁慈。但是，众所周知，如果外科医生打算采取一劳永逸的积极治疗措施，那他在检查和触碰病灶时就不会有所顾忌。只要达成了手术目标，而且病人经由短暂的状况恶化实现了持久康复，那就没有人会把检查时不可避免的痛苦或术后的各种反应归咎于他。该状况与精神分析类似。精神分析似乎也可以要求与外科手术同等的权利：比起外科医生来，精神分析在治疗过程中造成的痛苦加剧不值一提，而且和隐疾的严重程度相比，这种痛苦的加剧几乎可以忽略不计。另一方面，那种耸人听闻的最终后果——从压抑中解放出来的本能会败坏

① [Gesammelte Schriften（《文集》，1924）Gesammelte Werke（《著作集》，1942）里，遗漏了最后九个词（【译注】即 "and of their robbing him of his cultural acquisitions"，对应译文中的"并将他的文化习得掠扫一空"），可能是出于疏忽。]

病人的文化涵养——根本不可能出现。因为这种担忧并未考虑到我们确凿的经验——也就是说，对愿望冲动的压抑一旦失败，该愿望冲动处于无意识层面时的精神和躯体力量会远远强于其处于意识层面之时；因此，让这种愿望冲动进入意识只会将其削弱。无意识的愿望不受任何影响，独立于任何与之相反的倾向，而意识的愿望则会为一切意识的、与之相反的东西所抑制。因此，精神分析作为未果压抑的更佳替代物，恰恰遵循了最崇高、最宝贵的文化风尚。

那么，借由精神分析而得以释放的这些无意识愿望又会如何呢？我们是通过什么途径让它们伤害不到主体的生活的呢？有以下几种途径。最常见的出路是，在分析工作进行过程中，这些无意识愿望被更合宜的与无意识冲动相悖的理性精神活动瓦解了。由此可得的最好结果是压抑被谴责判断①取代。之所以有这种可能，是因为在很大程度上，我们必须摆脱的都只不过是自我发展早期阶段所产生的后果。主体过去只能把无力支配的本能压抑起来，因为他当时还发育不全，还很脆弱。而凭着如今的成熟与强大，他也许能够完全掌控曾经对自己不利的东西。

精神分析工作的第二条出路是，分析揭示的无意识本能如今可以用于一些有益的方面，而要不是发展中断，无

---

① 【译注】参见本书第30页倒数第二段。

意识本能早就可以发挥这种用途了。因为幼儿愿望冲动的根除绝非发展的理想目标。许多精神能量本可以在性格的形成和人生的行径中发挥重要作用，而由于幼儿愿望冲动的压抑，神经症患者们不得不废去这些精神能量的源泉。大家都听说过一种更有利的发展过程，叫作"升华"，该过程中，幼儿愿望冲动的能量不会被阻断，而是随用随有——各种冲动使那无力实现目标被替换成了更崇高的，可能不再关乎性的。可恰恰是性本能的组分才尤其具有升华的潜力，才尤其能把性目的转变成别的相对无关乎性且有益于社会的目的。很有可能，人类文化上的最高成就应当归功于升华的能量为精神官能所作的贡献。过早的压抑使得被压抑的本能无法升华；而一旦压抑解除，通往升华的道路便又成了通途。

大家一定不要忽略精神分析工作第三条可能的出路。某些被压抑的力比多冲动需要得到直接满足，也的确应该在生活中得到满足。可对于大多数人而言，我们的文明规范让生活变得太过艰难了。到头来，这些规范只会鼓动对现实的逃避，促进神经症的产生，这种过度的性压抑并不会带来任何额外的文化成果。我们不应该把自己抬得过高，以至于完全忽视了身上原本的兽性。我们也不应该忘记，个人幸福感的满足也是人类文明必不可少的目标。升华体现着性组分的可塑性，借助进一步的升华，这份可塑性或许真的能激励人们创造出更伟大的文化成就。但是，正如人们不指望热机把额外功耗转化成有用功，我们也不要试图让性本能的全部能量都远离其本来目的。这么做是行不通的；对性的限制要是过了头，各种灾殃必定随之而来。

你们也许会认为我这段结语危言耸听。我姑且用个老旧故事来间接描述一下我的信念，作何看待，诸君自便。日耳曼文学里经常提到一个叫作希尔达的小镇，那里的居民会耍各种各样的小聪明。故事说，希尔达的老百姓有一匹马，大家对它的膂力赞不绝口，只有一点不尽人意——那就是要吃掉大把金贵的燕麦。于是人们决定一点点帮它改掉这个坏习惯，每天减少几根麦秆的配给，直到它对完全禁食习以为常。一段时间里，进展非常顺利：马儿已经到了每天只吃一根麦秆的地步，再过一天，不喂燕麦就能让它干活啦。第二天早晨，这匹可恨的畜生死了，而希尔达的百姓们怎么也闹不明白它究竟是怎么死的。

我们应该可以认为这匹马是饿死的，不给点燕麦，根本无法奢求牲口干活。

感谢校方的邀请，以及诸位的静听。

附　录

1904*a*　　　　"Freud's Psycho-Analytic Procedure"

1905*a*　　　　"On Psychotherapy"

1906*a*　　　　"My Views on the Part Played by Sexuality in the Aetiology of the Neuroses"

1910*a* [1909]　*Five Lectures on Psycho-Analysis*

1913*j*　　　　"The Claims of Psycho-Analysis to Scientific Interest"

1913*m* [1911]　"On Psycho-Analysis" (Australasian Medical Congress)

1914*d*　　　　"On the History of the Psycho-Analytic Movement"

1916–17　　　*Introductory Lectures on Psycho-Analysis*

1923*a* [1922]　Two Encyclopaedia Articles (Marcuse's *Handwörterbuch*)

1924*j*　　　　"A Short Account of Psycho-Analysis" (*These Eventful Years*)

1925*d*　　　　*An Autobiographical Study* and Postscript (1935*a*)

1926*e*　　　　*The Question of Lay Analysis*

1926*f*　　　　"Psycho-Analysis" (Encyclopaedia Britannica)

1933*a* [1932]　*New Introductory Lectures on Psycho-Analysis*

1940*a* [1938]　*An Outline of Psycho-Analysis*

1940*b* [1938]　"Some Elementary Lessons in Psycho-Analysis"

精神分析运动史

（1914）

Fluctuat nec mergitur

（巴黎市徽上的标语①）

---

① ［徽记是一条船，其上标语可译作"乘风破浪，永不倾覆"。弗洛伊德在与弗利斯的通信中曾两度引用此格言抒发心境（第 119、143 封信，1950*a*）。］

英文版编者按

ZUR GESCHICHTE DER
PSYCHOANALYTISCHEN BEWEGUNG

（a）德文版：

1914 *Jb, Psychoan.*, **6**, 207 – 260.

1918 *S. K. S. N.*, **4**, 1 – 77. (1922, 2nd ed.)

1924 *G. S.*, **4**, 411 – 480.

1924 Leipzig, Vienna and Zurich: Internationaler Psychoanalytischer Verlag. Pp. 72.

1946 *G. W.*, **10**, 44 – 113.

（b）英译版：

"The History of the Psychoanalytic Movement"

1916 *Psychoan. Rev.*, **3**, 406 – 454. (Tr. A. A. Brill.)

1917 New York: Nervous & Mental Disease Publishing Co. (Monograph Series No. 25). Pp. 58. (Same translator.)

1938 In *The Basic Writings of Sigmund Freud*. New York. Modern Library. Pp. 933 – 977. (Same translator.)

"On the History of the Psycho-Analytic Movement"

1924 *C. P.*, **1**, 287 - 359. (Tr. Joan Riviere.)

本版是 1924 年译本的修订版。

1924 年前的几个德文版中，文末署着"1914 年 2 月"。所以本文大概写成于当年 1 月至 2 月。1924 年版在措辞上稍有改动，并且在 33—34 页加了一长条脚注[①]。此前的英文版中均无此脚注。

欧内斯特·琼斯为弗洛伊德所作传记第二卷第五章中（1955 年，第 142 页及以下）详述了本作的写作前情，此处仅作梗概。阿德勒与弗洛伊德观点的分歧于 1910 年达到顶峰，荣格的异见则在三年多以后暴发。尽管有些歧异让两者与弗洛伊德分道扬镳，但二人都长期坚称自己的理论是"精神分析"。本作旨在阐明精神分析的基本假说和基本猜想，从而表明阿德勒、荣格的理论与此根本毫不相容，并得出推论：如果这些相互矛盾的观点都被冠以同样的名称，只会带来全面混乱。而且，尽管多年来舆论都一直认为有"三个精神分析学派"，但最终还是弗洛伊德的论点占了上风。阿德勒为其理论选了"个体心理学"这个名

—————————
① 【译注】参见本书第 104 页注①。

号，不久后，荣格也给自己的理论起名为"分析心理学"。

为了完全说清精神分析的主要源流，弗洛伊德把这项事业的历史追溯到了精神分析诞生以前。本文第一部分涵盖的时期，他本人是唯一的相关人士——也就是直到1902年左右。第二部分把故事讲到了1910年左右——其间，精神分析的观点初步开始扩散到更广的圈子。直到第三部分，弗洛伊德才开始讨论异见——首先是阿德勒，其次是荣格——并指出二人主要有哪些方面与精神分析的发现背道而驰。从最后一部分，乃至本文的其余部分，我们都能感受到，弗洛伊德采用的语调比他别的作品都更具攻击性。考虑到他那三四年的经历，有这种不寻常的心绪也不足为奇。

关于阿德勒和荣格观点的讨论也见诸弗洛伊德另外两部同时期著作。在讨论"自恋"的文章（1914c）——几乎完全是和"运动史"同时写的——第一部分末尾有几段对荣格的驳斥（第79页及以下），类似涉及阿德勒的段落则是在第三部分开头（第92页）。"狼人"病史（1918b）大体写成于1914年年底，不过1918年才出版（新增了两个段落），这部著作主要充当了对阿德勒和荣格的实证反驳，且包含了对二人理论的许多抨击。弗洛伊德后期著作中，会零星提及这些争议（主要见于说明性或自传性著作），但语气都更平淡，篇幅也不长。不过，特别要提及弗洛伊德关于"挨打幻想"论文（1919e）的最后一部分（标准版，第十七卷，第201页及以下），其中针对阿德勒关于"导致压抑的动力"的观点进行了缜密讨论。

至于本文纯历史、纯自传的部分，必须指出，弗洛伊德在其《自传研究》（1925d）中或多或少重复了相同内容，不过后者在一些点上对本文有所补充。当然，想更全面了解这一主题，读者最好参阅欧内斯特·琼斯的三卷本弗洛伊德传记。我们不打算在现译本脚注中赘述相同内容。

一
———

　　无须惊异于我此处所写的精神分析运动史稿的主观性，也不必为我在其中发挥的作用称奇。因为，精神分析是我所创；整整十年，我都是唯一投身其中的人，此一新现象在侪辈中激起的所有不满都以批判的形式向我一人劈头而来。我是唯一一位精神分析家的时代俱已往矣，但我有理由坚信，即便今日，也没有人比我更清楚精神分析是什么，它与其他探究心灵生活的方法有何不同，尤其是，什么才称得上精神分析，哪些又最好用其他名称来加以描述。驳斥那无情僭越行为的同时，我也间接向《年鉴》（*Jahrbuch*）读者们通告一些导致编辑工作和杂志版式变动的事件①。

　　1909 年，在美国一所大学的讲堂里，我第一次有机会公开谈论精神分析②。对于我的工作，那是个里程碑式的

---

① ［《年鉴》（*Jahrbuch*）之前一直由布洛伊勒和弗洛伊德主管，荣格负责编辑。现在弗洛伊德成了唯一的负责人，编辑工作则由亚伯拉罕、希契曼接手。见第 46 页下半部分【译注】见本书第 120 页至 121 页）。］
② 见我在克拉克大学作的"五讲"（1910a）。

时刻，我当时触景兴怀，公然说让精神分析得以诞生的不是我：这份荣耀应当归于另一个人——约瑟夫·布洛伊尔，我还是个忙于应付考试的学生时（1880—1882），他就已经完成了许多工作。然而，那几次讲座后，一些好心的朋友含蓄地向我提出，我当时的感激之情是不是表达得太过了。在他们看来，我应该按先前一贯的做法：把布洛伊尔的"宣泄疗法"当作精神分析的预备阶段，且坚持精神分析是以我放弃催眠、引入自由联想为开端。精神分析的历史始于宣泄法还是我对它的改革，这在任何情况下都无关紧要；这一点很无趣，我之所以要提，不过是因为有些精神分析的反对者时不时就喜欢翻旧账，说发明精神分析技艺的终究不是我，而是布洛伊尔。当然，只有这些旧账能让他们发现一些他们在意的东西时，他们才会去翻；如果他们不把对精神分析的反对限定在这个方面，那么毫无疑问，精神分析从来都归功于我一人。我从未听说布洛伊尔在精神分析上的巨大贡献给他带来过相应的批判和辱骂。我早就认识到，引发矛盾、激起痛苦是精神分析的必然命运，所以我得出了以下结论：我必定是精神分析中一切独到特点的真正创立者。精神分析已饱受谩骂，而我很庆幸，那些矮化我在精神分析创立中所起作用的企图，没有一项出自布洛伊尔本人，也没有一项能得到他的支持。

布洛伊尔的发现常被谈及，所以我不在这里详加探讨。其中涉及的基本事实是：癔症病人的症状是基于过去生活的一些场景，这些场景给他们留下了深刻印象，但已被遗忘了（创伤）；基于此的治疗是要让他们在催眠状态下回忆和再现这些经验（宣泄）；从中推论出的散碎理论是，这些症状代表着对一定量未处理兴奋的异常使用（转换）。在布洛伊尔写给《癔症研究》（1895）的理论部分中，每当提及这种转换过程，他总会在后面的括号里加上我的名字①，仿佛在说，理论构造层面，这个创举优先属于我。我相信，文中的区分只关乎名义，我也认为，关于转换的构想是我们共同得出的。

同样众所周知的是，布洛伊尔初次发现宣泄法后，将其搁置了几年，直到我从沙可那儿学习回来，才在我的鼓动下重新启用②。布洛伊尔在海量的医学咨询实践中耗费了许多精力；我自己则是不得已才选择了医学专业，但当时我有一种帮助神经紧张症患者的强烈动机，或者至少也希望能够对他们的病状有所理解。我从事过物理治疗，埃

---

① ［此处似乎有误。布洛伊尔的文稿中至少 15 次用到"转换"一词（或其派生词）。但只有一处（第一处，标准版，第二卷，206 页）确有在括号中加上弗洛伊德的名字。可能是弗洛伊德看到了布洛伊尔的一些初版手稿，劝他不要在成书中多次加上自己的名字，一次足矣。该术语的初次见梓早于《癔症研究》，见弗洛伊德第一篇关于"防御性神经精神病"（The Neuro-Psychoses of Defence, 1894a）的论文。］

② ［1885—1886 冬，弗洛伊德曾在巴黎的沙普提厄医院工作。见他的"学习报告"（1956a［1886］）。］

尔布的 *Elektrotherapie*① ［1882］提出了许多适应症及治疗
建议，而扫兴的实践结果令我深感无奈。如果当时我没能
独立得出莫比乌斯（Möbius）后来得出的结论，即神经疾
患电疗的成功都是暗示的作用，那就注定不会有这些前途
光明的成果了。我从李厄保（Liébeault）和伯恩海姆（Be-
rnheim）那令人印象深刻的临床演示②中学到了深度催眠
下的暗示疗法，这似乎为电击疗法的失效提供了一种合宜
的替代。但布洛伊尔教给我的研究催眠状态病人的做
法——一种操作简便且能满足科学好奇心的做法——肯定
比暗示疗法中使用的单调、粗暴，且对所有研究都造成阻
碍的禁令更具吸引力。

　　近来听闻一条忠告，据称是代表了精神分析的最新进
展，大意是说，要把现时冲动和疾病诱因当作分析的前
景③。其实这就是我和布洛伊尔刚研究宣泄法时的一贯做
法。我们将病人的注意力直接引向出现症状的创伤场景，
力求发掘该场景中的精神冲突，并释放其中被压制的情
绪。这个过程中，我们发现了后来我称作"退行"的精神
过程，该过程是神经症的特征。病人的联想从我们试图阐
明的场景退回到了更早的经验，这迫使本应专注于矫正现

---

① 【译注】即威廉·埃尔布（Wilhelm Erb）1882 年出版的著作《电疗手册》
　　（*Handbuch der Elektrotherapie*）。
② ［弗洛伊德 1889 年在南锡待过几周。］
③ ［见下文 63 页］【译注】见本书第 141 页。

状的分析转而聚焦于过去。退行过程是不断回溯的；一开始，它似乎总把我们带回青春期；后来，一些尚不明确的问题和细节将分析工作进一步带回到至今都难以任何方式探知的童年时期。这种退行的取向成了精神分析的一个重要特征。不参照过去，精神分析似乎就无法解释任何现下的事情；实际上，每段致病经历都具有更先期的经历，先期经历本身虽不致病，却为后来经历赋予致病性质。然而，关注已知现时兴奋的成因是如此具有吸引力，以致在后来的分析中，连我都为之让步。在1899[①] 年对我命名为"杜拉"的病人的分析中，我发现了导致当前疾病暴发的场景。我曾无数次尝试对这段经历进行分析，但即便直接提出要求，也只能一再从她那里得到贫瘠、残缺的描述。直到经过很长的迂回，回到孩提时代最早期，才出现了一个梦，经过分析，这个梦让她想起了那个场景中此前都被遗忘的细节，于是，理解和解决当下冲突便成为可能。

杜拉的例子表明，上文所谓的忠告简直是误入歧途，叫我们忽视分析技术中的退行，不啻是开科学的倒车。

在更精细的癔症精神机制的问题上，布洛伊尔和我首次产生了分歧。可以说，他更倾向的是一种生理学理论；他试图以各精神状态（当时的叫法是"意识状态"）之间缺乏交互来解释癔症患者的精神劈裂，并由此构建了"催

---

① ［此处为笔误，应为"1900"。见"标准版"第七卷，第5页。］

眠样状态"理论，认为该状态下的产物会像未被同化的异物一样渗透进"清醒的意识"。我则更少从科学上来看这个问题；我似乎随时都在辨别这些形似日常生活的动机与倾向，而且把精神劈裂本身看作一种排斥过程的结果，当时我称之为"防御"，后来则称之为"压抑"[①]。我曾短暂尝试过让两类机制同时分别存在，但观察向我表明有且仅有一种机制，没过多久，我的"防御"理论就站到了他"催眠样"理论的对立面。

　　但我很清楚，观点的分歧与不久后我们关系的破裂毫不相干。其中有更深层的原因，但事情就这么发生了，起初我也很不理解；直到后来，我才从诸多明显迹象中明白了该如何解释我们的决裂。人们都还记得，布洛伊尔谈到他著名的首位病人时说，性的要素在她[②]身上发展得相当不充分，根本不是该个案丰富多彩的临床表现的诱因。我一直在想，为什么这些批评家不多多引用布洛伊尔的论断，以反对我关于神经症的性诱因这一论点，直到今天，我都没想明白，这一疏漏是证明他们机智呢，还是证明他们大意。倚仗过去二十年来积累的知识，现在只要去读布洛伊尔这篇病史，就会立刻察觉到其中的象征——蛇，硬

———————————

[①] ［见他的《抑制、症状与焦虑》(Inhibitions, Symptoms and Anxiety, 1926d)。弗洛伊德在书中复活了"防御"这一术语，用以表达更广泛的概念，"压抑"则是其下的一条亚目。］

[②] ［见弗洛伊德和布洛伊尔《安娜·O病史》(1895)第二段，标准版，第二卷，第21页。］

直，手臂瘫痪——再考虑到这位年轻女子在父亲病榻边的情境，就很容易推测出症状的真正解释；可见，布洛伊尔对性在她精神生活中所发挥作用的看法与她的医生截然不同。治疗该个案时，布洛伊尔能够利用与病人之间强烈的暗示关系，这可以算作我们今天所说的"转移"的完整原型。现在我很有理由怀疑，在她所有症状得到缓解后，布洛伊尔肯定从进一步迹象中发现了这种转移的性动机，但他忽视了这一意料之外的现象的普遍性，结果就是，他像遭遇"untoward event"①（始料未及之事）一般，陡然中断了一切进一步研究。关于此事，他一直跟我谈得不多，但他各个时期跟我说的话足以重构当时发生的事情。后来，当我越来越坚定地提出性在神经症病因学中的重要性时，他第一个表现出厌恶和否定，这种反应我后来已经习以为常，但当时我还没认识到，这是我不可避免的宿命②。

神经症的每一段治疗中，无论是爱意的还是敌意的，都会出现以性为形式的转移，尽管这既非医生或病人所希望，也非医生或病人所诱导，但在我看来，这是一项最无可辩驳的证据，它表明神经症的动力根源就在于性生活。这个论点从未受到任何应有的关注，因为如果得到了关注，那这一领域的研究就不会有其他悬而未决的推论。对

---

① ［原文即是英文。此事更完整的描述可参看欧内斯特·琼斯所写传记的第一卷（1953 年，第 246 页及以下）。］

② ［关于弗洛伊德与布洛伊尔关系的讨论可参看"标准版"第二卷的编者导言。］

我来说，这个论点仍然是决定性的，其关键性远甚于分析工作的具体发现。

神经症的性诱因，这一论点就连我的密友们也不能接受——我个人周围迅速形成了一圈真空——想着我正在为一个新的、原创的想法而战，倒也算一丝宽慰。但是有一天，某些记忆汇入了我的脑海，扰乱了宽慰的愉悦，不过，作为交换，这让我洞悉了人类创造活动的进程和人类知识的本质。人们以为的由我原创的思想其实根本不是发端于我。而是由三个人——布洛伊尔本人、沙可以及大学的妇科医学家克洛巴克，后者可能是我们所有维也纳医生中最杰出的那位[1]——传授给我的，我真切地尊重他们的观点。三人都向我传达了一部分知识，严格来说，一部分他们自己所不具备的知识。当我向其中两位提及这一论点时，他们都否认自己有此发现；如果我有幸再见到第三位（伟大的沙可），他可能也会是同样的反应。但这三个相通的观点——我曾不加理解地听进去了——在我心中沉睡多年，直到有一天，它们苏醒的时候，融会成了一种全新的发现。

我还是一名年轻的家庭医生时，有一天和布洛伊尔从

①［鲁道夫·克洛巴克（Rudolf Chrobak）（1843—1910），1880—1908 年间在维也纳任妇科教授。］

镇上穿行而过，一个男人走上前来，显然急着想跟布洛伊尔说话。我掉队了。布洛伊尔忙完后，友善地告诉我，这个男的是他病人的丈夫，带来了病人的一些消息。布洛伊尔补充说，这位妻子在社会上的举止十分古怪，以致被当作神经症带到他这儿接受治疗。他的结论是："这些问题从来都是 *secrets d'alcôve*！"① 我惊讶地问他这是什么意思，他却以 *alcôve*（床笫）一词的解释作答，因为他并没发现自己陈述的事情在我看来多不寻常。

几年后，在沙可的一次夜会上，我碰巧站在这位伟大导师左近，他当时好像正在给布鲁阿德尔②讲一则白天工作时的趣事。我没怎么听到开头，但渐渐地，我被他所说的东西吸引住了：一对来自东方遥远国度的年轻夫妇——女方痼疾深沉，男方要么是不行，要么很有些难言之隐。"*Tâchez donc*，"我听沙可反复说道，"*je vous assure，vous y arriverez.*③" 布鲁阿德尔说话声没那么大，但肯定表达了自己的惊讶，女方的症状竟会是这种情况造成的。因为当时沙可突然活泼地喊了起来，"*Mais, dans des cas pareils c'est toujours la chose genitale, toujours... toujours...*

---

① 【译注】床笫之私。
② ［布鲁阿德尔（P. C. H. Brouardel）（1837—1906）于 1897 年被任命为巴黎的法医学教授。弗洛伊德在《我在巴黎和柏林的学习报告》（Report on my Studies in Paris and Berlin, 1956a［1886］）以及为伯克（Bourke）的《万国粪俗考》（Scatalogic Rites of all Nations）所作序言中提及布鲁阿德尔时，颇有赞许。］
③ ［"加油！"……"我向你保证，你会成功的。"］

toujours"①；同时沙可双臂在腹部交叉，抱住自己，踮起脚尖，用他那独特的俏皮方式跳了几下。我知道，有一瞬间我几乎都惊呆了，接着我就问自己："嗯，但他如果知道这点，为什么从来没宣扬过呢?"不过这个印象很快就被我忘却了；我全部的兴趣都投进了对癔症型瘫痪的大脑解剖和实验归纳。

一年后，我在维也纳开始了医学生涯，成了一名神经疾病方向的讲师，而关于神经症病因学的一切，我仍像人们对大学刚毕业的大好青年意料之中的那样无知无识。有一天，我收到克洛巴克的一条讯息，叫我接手一位他因新赴大学教职而无暇顾及的女病人。我在他之前到了病人家中，发现她正遭受着意义不明的焦虑，她只有确知自己的医生一天中每时每刻身在何地，才能得到缓解。克洛巴克赶到后，把我带到一旁，告诉我，病人的焦虑是因为，尽管已经结婚十八年，可她仍是 *virgo intacta*②。丈夫是彻底的阳痿。他说，面对这种情形，医者别无他法，只能用自己的名誉来掩盖这桩家门不幸，就算人们耸耸肩说"这么多年都治不好她，这医生肯定不中用"，也得忍着。他补充说，应对这类疾病的唯一处方，对我们来说稀松平常，但却不能这么开。那就是：

---

① 〔"但是啊，这类个案里边从来都是生殖器的问题，从来……从来……从来"。〕
② 【译注】完璧处子。

$$\text{"}\mathbb{R} \quad \text{Penis normalis}$$

$$\text{dosim}$$

$$\text{repetatur!"}^{①}$$

这样的处方我闻所未闻，面对这位友人的暴论，我当时直想摇头。

当然，我之所以透露这个不体面观念的显赫出身，并不是想让其他人为此负责。我很清楚，偶尔用一闪而过的 *aperçu*② 表达一个观念是一回事，认真对待它又是另一回事——接受它的本来面目，面对相互矛盾的细节也追随它，并为它在公认的真理中赢得一席之地。这是逢场作戏和伴有一切责任、艰辛的合法婚姻的区别。"*Épouser les idées de...*③" 这一修辞并不罕见，至少在法语里是这样。

我的工作给宣泄法增添了一些其他的新要素，从而将其转变成精神分析，这些要素中，我尤其要提到压抑和阻抗理论，对幼儿性欲的承认，以及将梦的解析、梦的运用当作无意识知识的来源。

---

① 【译注】"处方：

> 正常阴茎
> 一剂
> 反复使用！"

② 【译注】稍纵即逝的观点。

③ ［"信奉一个观念。"］【译注】字面意思是"和某某观念结婚"，原文法语中，"观念"一词为复数，英译注中为单数。）

压抑理论的发现，肯定与其他来源无关；我不知道有什么外部印象可能会让我想到它，而且长期以来我都以为这完全是我的原创，直到奥托·兰克（1911a）给我们看了一段叔本华的《作为意志和表象的世界》，这位哲学家在书里试图对精神错乱给出解释。文中谈到的拒不接受苦痛现实的那种挣扎，竟与我的压抑概念完全一致，我只好再次把有所发现的运气归结于我的不够渊博。但读过这一段的大有人在，他们只是读完了事，并未获得我的这项发现，我要是年轻时对哲学著作更有品味些，可能也会和他们一样。年纪大些，我便戒掉了阅读尼采著作所带来的无比快乐，为的是在处理精神分析中听到的印象时不受任何预先观念的妨碍。因此，我只得准备好——我也很乐意这样做——随时放弃许多发现的优先权，因为很多时候，精神分析研究劳神费力也只不过证实了哲学家凭直觉认识到的真理①。

　　压抑理论是整个精神分析的基石。它是精神分析最关键的部分，而且它其实就是一种现象的理论描述，如果我们给神经症患者做分析而不借助催眠，那么这一现象轻而

----

① ［弗洛伊德思想先声的其他例子在他的《关于分析技术史前史的说明》（"Note on the Prehistory of the Technique of Analysis", 1920b）里有讨论。也见诸下文对波普尔-林克尤斯（Popper-Lynkeus）的评论。——弗洛伊德可能间接从 19 世纪早期哲学家赫尔巴特那里生发出了"压抑"这一术语，欧内斯特·琼斯（1953，第 407 页及以下）对此有所讨论。也可参见编者在下面，第 143 页，为关于"压抑"的文章作的按语。］

易举就可以观察到。这种情形下，会遇到对分析工作的阻抗，而且，为了挫败精神分析工作，阻抗会以记忆减退作为借口。催眠的运用会掩盖这种阻抗；因此，精神分析的历史直到有了不再需要催眠的新技术时才发端。阻抗与健忘同时发生，这一事实不可避免地导向了无意识精神活动这一精神分析的特有观点，也使精神分析和关于无意识的哲学思辨有了相当明显的区别。可以说，精神分析尝试解释两个引人瞩目又意想不到的观察事实，每当试图将神经症患者的症状追溯至其过去生活中的起源时，这两个事实——转移和阻抗——就会显现。任何承认这两个事实并将其作为出发点的研究路线，即便得出的结果与我不同，也都有权自称精神分析。但是，如果有人坚称自己为精神分析家，却避开这两项假设而去研究其他方面，那他就不免有鸠占鹊巢之嫌。

要是有人想把压抑和阻抗理论说成精神分析的前提，而不是精神分析的成果，我一定强烈反对。确实存在一些具有心理学、生物学普遍性质的前提，也确有必要在一些其他场合考虑这些前提；但压抑理论是精神分析工作的产物，是从无数观察中得出的合乎逻辑的理论推论。

另一项为宣泄法添砖加瓦的产物是幼儿性欲。不过这是较晚才提出的。分析的研究初探时期并未考虑到这样的情形。起初，观察仅仅显示，当下经历造成的影响必须追溯至过去的某件事情。但调查者的发现往往超乎预期。朝着遥远的过去退啊退；最好能够停在青春期——传统上认为的性冲动觉醒的时期。但事与愿违；倒退的轨迹进一步回溯至童年，乃至更早期。在此回溯过程中，必须克服一个错误观念，这个错误观念对我们这门年轻的科学来说几乎是致命的：受沙可关于癔症的创伤起源论影响，人们很容易接受病人的陈述，倾向于认为他们把自身症状所归结到的被动性行为——说白了，被引诱——是真的，且具有病因学意义。当这个病因学因其自身的莫须有、自相矛盾而分崩离析时，呈现出的结果令人困惑不解。而分析却凭着正确道路回溯到了这些幼儿时的性创伤，尽管这些创伤不是真的。现实的坚实基础已不复存在。我当时可能也会甘愿放弃整个研究，就和我尊敬的前辈布洛伊尔在得出不受欢迎的发现时的做法一样。我之所以能坚持下来，或许只是因为别无选择，不可能再另起炉灶。最终，我想通了，毕竟，一个人不该因期望受挫就感到绝望，而是应该调整那些期望。如果癔症主体将其症状追溯至虚构的创伤，那么呈现出的新事实就是——他们在幻想中创造了这样的场景，这种心理现实与实际的现实同样重要。有这个想法之后不久，我便发现，这些幻想是为了掩饰童年头几年的自体爱若活动，美化它，并将其提升至一个更高水平。自此，从这些幻想背后，儿童的整个性生活开始浮出水面①。

伴随着童年最初几年的性活动，个体遗传体质也开始发挥作用。禀赋与经验于是结成了某种病因学统一体。许多印象根本就不值一提、不起作用，而禀赋会夸大印象，故而这些印象成了激起兴奋、导致固着的创伤；经验会唤醒禀赋中的一些因素，没有经验，这些因素就可能会长期处于休眠状态，甚至也许永远不会得到发展。创伤的病因论，后来由亚伯拉罕提出［1907］，他指出，确实可以认为儿童特有的性体质会激起特定类型的性经验——即创伤。

一开始，我对幼儿性欲的论述几乎完全是基于成人分析中回溯至过去的发现。我当时没有直接观察儿童的机会。因此，几年后，我能以幼儿的直接观察、分析证实我几乎所有推论的时刻，是一次伟大胜利——而随着人们逐渐认识到，我们真该为这个发现感到羞耻，这次凯旋变得黯淡了。对儿童观察越深入，事实就越不证自明；但也就越令人感到惊讶，人们之前费了这么大劲儿，居然把这些事实都忽略了。

然而只有通过分析方法，通过将神经症的症状、特性追溯至其根本来源——发现了根本来源就能使一切可解释

---

① ［在与弗利斯 1897 年 9 月 21 日的通信中（1950a，第 69 封信）可以看到弗洛伊德当时对自己理论所作的这一修正。他对此的首次明确承认发表于一篇关于神经症性欲的文章（1906a）出版将近十年以后，标准版，第七卷，275 页。也可参见《性学三论》（1905d），前揭，英译者注，127 页及以下。］

的部分得到澄清，让一切可改变的地方得到改善——才能确信幼儿性欲的存在，并确认其重要性。我可以理解，要是有人先构造一个关于性本能性质的理论概念，然后试图以此为基础来套儿童的生活，那他就会得出不同结论，荣格最近就是这么做的。这类概念必然是随意或出于不相关考虑而做的，并且可能并不适用于提出概念的人预期的领域。诚然，至于性，及其与整个个人生活的关系，分析方法也会通往某些极其困难、晦涩之处。但这些问题绝非靠思辨就能摆脱的；必须通过其他观察，或者其他领域的观察来解决。

关于释梦，无须多言。当年，循着一种模糊的预感，我决定用自由联想替代催眠，释梦正是这一技术创新结出的第一颗硕果。我对知识的渴求起初并不是为了理解梦。据我所知，让我对梦抱以兴趣或者使我产生正面预期的，不是什么外部影响。在布洛伊尔和我不相往来之前，我仅有一句话的时间来与他作别，我说：现在，我知道如何解释梦了。这就是释梦这一发现的由来，所以梦语言中的象征作用几乎是我最后才接触到的，毕竟梦者的联想对于理解象征几乎没什么帮助。我一直有个习惯，在去书中寻找信息之前，先研究事物本身，因此，我才能在受施尔纳（Scherner）这方面著作［1861］的影响之前，自己确立梦的象征作用。直到后来，我才真正明白梦的这种表达方式。这一定程度上是受了斯特克尔著作的影响，他一开始做的工作十分值得赞誉，后来却完全走入歧途①。精神分析的释梦，古人实践并推崇的解梦技艺，两者间的紧密联系我很久以后才弄明白。有一位完全不懂医学的作者，真的，完全不懂，不过懂哲学，那就是著名工程师 J. 波普尔，我后来在他用"林克斯"这个名字发表的《现实主义者的幻想》（*Phantasien eines Realisten*）［1899］里发现了我的梦理论的本质特征和关键部分——一种由内部冲突、内部的欺骗所致的梦的变形②。

在精神分析最初几年的艰难岁月里，我必须同时掌握神经症的技术、临床现象与治疗方法，释梦成了我的支持与慰藉。那段日子里，我茕茕孑立，缚麻烦之网，陷困难之潭，畏方向迷途，恐信心失丧。我的假设是，通过分析，神经症一定会变得可以理解，而假设得到证实之前，病人们注定会为此花去难以估量的时间；但梦可以看成是与症状同构的，这些病人的梦几乎总在确证我的假设。

使我得以坚持下去的，正是这个方向上的成功。结果是，我养成了一种习惯，以对释梦的态度为准绳来衡量一位心理学家的理解力；我满意地观察到，大多数反对精神

---

① ［关于斯特克尔影响的更详细论述见于弗洛伊德 1925 年在《释梦》第六章，第五部分（*The Interpretation of Dreams*，1900*a*，*Standard Ed.*，**5**，350‑1）补写的关于象征作用的段落。］

② ［弗洛伊德有两篇关于这一点的文章，1923*f* 和 1932*c*。——本句中"著名"一词是 1924 年加的。］

分析的人都完全避开了这一领域，而他们一旦试图着手释梦，就简直蹩脚不堪。此外，我很快认识到了进行自我分析的必要性；我是在一系列自己的梦的帮助下来做分析的，这些梦带我回溯了所有童年事件；时至今日，我仍然认为，任何喜欢做梦又不十分不正常的人，都能做这种分析①。

我觉得，像这样展开精神分析的发展史，相较于系统性的描述，更好地展示了精神分析是什么。起初，我并未察觉我的发现性质特殊。经过对病人神经症的性因素进行系统调查，我毅然抛下了作为医生的鹊起声名，抛却了坐诊期间病人的纷至沓来；因为这类调查让我认识到许多新的事实，从而最终坚定了我对性因素在实践中重要性的信

---

① ［在与弗利斯的通信（1950a），尤其是 1897 年 10 月写的第 70、71 封信中，可以读到弗洛伊德同一时期提到的他自我分析里的重要部分。——他并不总是像上面正文里那样对自我分析持正面态度。例如，在 1897 年 11 月 14 日致弗利斯的信（1950a，第 75 封信）中，他写道："我的自我分析仍停滞不前，而我已经认识到了原因。我只能借助客观获得的知识来分析自己（就像一个局外人）。真正的自我分析是不可能的；否则就不会有［神经症的］疾病了。我们仍会在我的病人身上发现一些谜题，这些谜题肯定会阻碍我的自我分析。"类似地，在生命接近尾声时，他在一则关于过失行为的短文（1935b）中顺带提到："自我分析中，分析不完整的危险尤为巨大。部分的解释带来的满足来得太快，这种解释背后，阻抗很容易隐瞒一些可能更为关键的东西。"与之相反，在为 E. 皮克沃思·法罗（E. Pickworth Farrow）（1926）一篇关于自我分析的论文作的序言里（弗洛伊德，1926c），他写下了谨慎的赞美之词。而无论如何，关于训练分析，他都极力主张有必要在别人那里做分析——例如，见本文发表前不久写的一篇文章（1912c），亦见很晚才发表的《可终结和不可终结的分析》（1937c）。］

念。于是，我天真地在克拉夫特-艾宾①任主席的"维也纳精神病学及神经学学会"一次会议上发表了讲话［参见弗洛伊德，1896*c*］，满心期待着我甘愿承受的物质损失能被同事们的兴趣和承认所弥补。我把这些发现看作对科学的寻常贡献，并希望他人也作这般看待。但是，我发言所遭遇的冷场，我所感到的失落，以及人们给我的眼色，逐渐让我认识到，不能指望关于性在神经中所起作用的论断能得到与其他发言同等的对待。我明白，从这一刻起，我成了赫伯尔笔下"搅扰世界睡眠"的人之一②，我不能指望得到客观与宽容。但是，由于我对观察和结论的总体准确性愈发坚信，而且我对自己判断力和精神勇气的信心也绝非弱小，这种情境的出路显而易见。我决意相信，发现这些极其重要的事实与联系是我的命数，我也随时接受不时伴着这些发现而来的命运。

　　我对未来的设想如下：新疗法带来的治疗成功应该能让我自力更生，但有生之年，科学可能会彻底忽视我；数十年后，一定会有人发现相同的事情——我生不逢时——而他会为此得到承认，并向我这位注定失败的先行者追认

---

① ［R. 冯·克拉夫特-艾宾（R. von Krafft-Ebing）（1840—1903）曾是斯特拉斯堡（1872—1873）、格拉斯（1873—1889）以及维也纳（1889—1902）的精神病学教授，在格拉斯期间兼任省立精神病院院长。他因犯罪学、神经学以及性精神病的研究而闻名。］

② ［援引了赫伯尔（Hebbel）《裘格斯和他的戒指》（*Gyges und sein Ring*）第五幕，第一场中坎道列斯（Kandaules）对裘格斯说的话。］

荣光。与此同时，我像鲁滨逊·克鲁索一样，在孤岛上尽可能舒适地安顿了下来。当我从今日的压力与困惑抽离，回望孤独岁月，那倒像是一段辉煌的英雄年代。我自己的"splendid isolation"[1] 也并非不具优点和魅力。无孤陋异见之乱耳，无连累案牍之劳形；诸方影响不加于我；无事迫我碌碌营营。我学会了克制思辨倾向，学会了谨遵吾师沙可的忠告：对于同一事物，反复揣摩，直至其意自现[2]。著作的出版总是远远落后于我的知识，而且只要我愿意，就可延期出版，毕竟这些发现的"优先权"毫无争议，我可以稍微费点笔墨给它们排个序。例如，《释梦》在1896年年初[3]就已完成全部要旨，但直到1899年夏才写成。"杜拉"的分析在1899［1900］年年末[4]结束；两周后就写完了病史，但直到1905年才出版。与此同时，医学期刊都不审阅我的文稿，就算偶有例外，被审阅了，也只是以鄙夷和怜悯的措辞予以退稿。一位同事偶尔会在他发表的作品里提到我；寥寥数笔，毫不讨喜——尽是些"古怪""极端""奇哉怪也"之类的字眼。有一次，我讲授大学课程的维也纳门诊部，有位助教问我要了旁听许可。他听得

---

① ［原文即是英文。］【译注】Splendid isolation 即"光荣孤立"，19世纪中末至20世纪初英国采取避免永久结盟的"光荣孤立"政策，精神分析也诞生于这一时期。

② ［在弗洛伊德为沙可撰写的讣告（1893f）中也有这句，稍有改动。］

③ ［不过最好参考一下编者为《释梦》作的引言（1900a）标准版，第四卷，第 xiv 页及以下。］

④ ［见第10页，脚注2。］【译注】即本书75页注①。

聚精会神，一语未发；最后一堂课结束后，他主动提出和我到外面谈谈。一边走着，他一边告诉我，他根据自己导师的认识，写了本书来抨击我的观点；但现在非常后悔，因为没能事先从我的课上学到更多关于这些观点的知识，否则，他就会写出与现在大相径庭的内容。他的确也曾在门诊问过，是不是最好先读一读《释梦》，但得到的建议是不要这样做——不值得费那个力气。对我的理论有所了解后，就内部稳定性而言，他拿天主教与之作了对比。从灵魂的救赎这一点来看，我认为这句话意味着一定的赞赏。他最后却说，书已付梓，来不及变更任何内容了。后来，我这位同事并不认为有必要公开声明自己对精神分析有所改观；反而借着医学期刊特约撰稿人的身份，用轻率的评论跟进精神分析的发展①。

也好，那几年里，我的人际敏锐度变得迟钝，不至于作为时运不济的孤独拓荒者而愁苦不堪。孤独求索之人，每念及侪辈凉薄、可憎若此，大抵心痛，此番心态又使自己的坚定信念摇摇欲坠。我却不必有此同感；因为精神分析理论使我能够理解侪辈的这种态度，并将其视作分析的基本前提所致的必然结果。如果我的发现是真——即某种情感层面的内部阻抗让诸多事实不为病人自己觉察——那么即便是健康人，在某些外部诱因迫使其面对被压抑物

---

① ［这则轶闻的后续见于弗洛伊德《自传研究》（1925d）第五节开头。］

时，注定也会产生阻抗。他们会理直气壮地从理智层面反对我的观点也根本不足为奇，尽管这种反对本质上是情感的。同样的反对也经常发生在病人身上；他们用着一样的论点，也一样不够明智。用福斯塔夫的话说，理由"多得像乌莓子一样[①]"。唯一的区别在于，面对病人，我们所处的位置是，向其施加一定的压力，以使其洞察到自己的阻抗，并将之克服，反过来，若要对付那些看似健康的人，我们就不具备这种优势了。如何让这些健康人以冷静和科学客观的精神来审视分析，仍是个悬而未决的问题，最好让时间来予以澄清。在科学史上，人们可以清楚地看到，那些起初除招致反对之外别无建树的观点，即便没有新的证据支持，后来也都被接纳了。

可是，我在精神分析界孤木独支的那些年，不要指望我会对世俗评价有任何尊重，或者对知识界的招安有任何念想。

---

① ［《亨利四世》第二幕，第四场。］

二

　　1902 年起，我身边聚了一帮明确表示要学习、实践和传扬精神分析的年轻医生。直接的诱因是，有一位同事曾亲身受惠于分析治疗①。就在我家，开展了定期的晚间集会，遵照一定的规则展开讨论，与会者们都试图在这个新奇领域找到自己的方向，并力求与其他参与者意趣相投。一天，一位技校毕业的年轻人带着他那见解不凡的手稿自荐入场。我们建议他上先上 *Gymnasium*［文理中学］，再上大学，今后致力于非医学的精神分析。于是，这个小社团获得了一位热忱可靠的秘书，而我，也获得了奥托·兰克这位忠诚的助手兼伙伴②。

　　很快，这个小圈子就扩大了，而且在接下来的几年里，经常发生成员变动。总体而言，我认为，在人才数量

---

① ［威廉·斯特克尔（Wilhelm Stekel）］

② ［1924 年加注］Internationaler Pscho-analytischer Verlag［国际精神分析出版社，见"标准版"，第十七卷，第 267—267 页］的新任负责人，也是 *Zeitschrift*（*Internationale Zeitschrift für Psychoanalyse*，《国际精神分析杂志》）和《意象》（*Imago*）创立之初的编辑［见下文第 47 页（【译注】本书第 122 页）］。

和种类上，这个社团几乎不逊于任何临床教学团队。它一开始就囊括了后来在精神分析运动史上影响深远——不全是正面影响——的人物。但在当时，人们无法预料后续的事态发展。曾经，我有充分的理由感到满意，我自认为尽了一切可能去把知识、经验授予他人。而两个不祥的苗头，让我打从心底与这个小组疏远开去。这群致力于同一困难工作的人，本该勠力同心，可我却无法让他们彼此建立友好关系；我也无法压制合作中时有发生的关于优先权的争端。传授精神分析实践困难重重，这也在极大程度上造成了眼下的纷争——维也纳精神分析学会还是秘密社团时，这些困难已经暴露无遗。既然我的权威或许可以让其他人不入歧途、免遭祸端，那我便不敢用这份权威去提倡不完善的技术、酝酿中的理论。智力工作者们早早脱离老师自立门户，从心理学的角度来看，总是令人欣慰的；但他们只有达成某种苛刻的个人条件，方能对科学有所贡献。尤其是对于精神分析，需要有长久而严苛的行为准则以及克己的训练。我本应对一些成员提出异议，可他们对这门如此不被看好、如此前路不明的学科表现了高度热忱，鉴于这份勇气，我当时倾向于给这些成员极大的包容。除了医生，这个圈子还吸纳了其他人——在精神分析中得窥奥妙的有识之士：作家、画家等。我的《释梦》、关于"玩笑"的书以及其他作品，都是开宗明义：精神分析理论不要只局限在医学领域，还要应用于其他各种心理科学。

1907 年，情势陡然发生了意料之外的变化。精神分析似乎已悄然唤起了多方兴趣，得到了拥趸，甚至有些科学工作者已经准备承认精神分析了。在此之前，布洛伊勒[1]来信告诉我，我的工作成果在伯尔格茨利（Burghölzli）医院得到了研究和运用。1907 年 1 月，维也纳迎来了第一位苏黎世门诊[2]的成员——艾丁根医生（Dr. Eitingon）[3]。随后，其他访客接踵而至，带来了朝气蓬勃的思想交流。终于，应荣格——当时还是伯尔格茨利的助理医师——之邀，第一次会议于 1908 年春在萨尔茨堡召开，来自维也纳、苏黎世和其他地方的精神分析友人共聚一堂。第一届精神分析大会成果之一是期刊《精神分析与精神病理学研究年鉴》（*Jahrbuch für psychoanalytische und psychopathologische Forschungen*）［见下文第 46 页］的创办，本刊由布洛伊勒、弗洛伊德指导，荣格编辑，1909 年首次出版，体现了维也纳和苏黎世的无间合作。

对于苏黎世精神病学派——尤其是布洛伊勒和荣格——对传播精神分析的巨大贡献，我已多次表达感激之

---

① ［尤金·布洛伊勒（Eugen Bleuler）（1857—1939），著名精神病学家，伯尔格茨利——苏黎世公立精神病院——负责人。］

② 【译注】即上句的伯尔格茨利医院。

③ ［1924 年增注］后来柏林"精神分析专科门诊"的创立者。［弗洛伊德对此有两条短评。（1923*g*，1930*b*）］

情，即便今时大不同于往日，我也不介意再次致谢。说实话，并非有了苏黎世学派的鼎力支持科学界才注意到精神分析，而是韬晦之期已尽，各处人们对精神分析的兴趣早已今非昔比。刚开始，在其他所有地方，这种与日俱增的关注带来的只是强烈否定，几乎到了狂热的程度；而苏黎世，恰恰相反，是对精神分析基本路线的赞同占据主导。除苏黎世外，再无别处有这样一小群坚定的拥护者，再无一处致力于精神分析研究的公立医院，甚至，也再无一位将精神分析理论当作精神病学课程内容的临床教师。因此，这个为精神分析得到认可而战的小团队里，苏黎世小组成了核心。只有在那里，才有机会学习和实际运用这门新技艺。我如今的大多数下属和同事，就连地理上距维也纳比瑞士近得多的人，也都是通过苏黎世来到我身边。与坐拥文化中心的西欧相比，维也纳不过是边鄙之地；多年来，这座城的名声一直饱受偏见。所有重要国家的代表都聚集到了瑞士，学术活动生机勃勃；这个"疫源地"注定对弗莱堡的霍赫口中"精神瘟疫"的传播意义深远①。

　　一位见证了伯尔格茨利发展的同事证实，精神分析似

---

① ［阿尔弗雷德·霍赫（Alfred Hoche）（生于 1865 年），弗莱堡的精神病学教授，其对精神分析的攻击十分辛辣，甚至带有侮辱性质。他曾在巴登-巴登的一次医学大会上宣读了一篇攻讦精神分析的文章，题为《一种在医生中蔓延的精神瘟疫》（"A Psychical Epidemic among Doctors"）（霍赫，1910）。］

乎很早就在那里引发了关注。荣格在 1902 年出版的关于神秘现象的著作中，已经援引了我关于"释梦"的书。知情人士称，1903 或 1904 年起，精神分析就成了人们关注的前沿研究。维也纳和苏黎世之间建立起私人关系后，1907年年中，伯尔格茨利成立了一个非正式团体，定期集会讨论精神分析问题。维也纳和苏黎世两大学派的同盟中，瑞士人绝不只是接受者。他们早已做出了非常值得称道的科学研究，其成果对精神分析大有裨益。他们从精神分析角度来解释冯特学派开创的联想实验，意想不到地有效。如此便能对精神分析的观察结果进行快速的实验验证，从而直接向学生们证明先前只有分析家才能告诉他们的某些关联。于是，实验心理学和精神分析之间搭起了第一座桥梁。

精神分析治疗中，联想实验让我们可以对病例进行初步的定性分析，但这些实验对分析技术并无实质贡献，做分析时可以省去。苏黎世学派，或者说该学派的带头人，布洛伊勒和荣格，他们的另一项成就更为重要。前者表明，借助精神分析通过梦和神经症认识到的精神过程（弗洛伊德提出的一些机制），许多纯粹的精神病个案会变得明晰；再者，荣格［1907］成功用分析方法解释了早发性痴呆［精神分裂症］这一最为古怪晦涩的现象，从而阐明这些现象的根源就在病人的生活史、兴趣点之中。从此，精神病学家们便再也无法无视精神分析。布洛伊勒关于精神分裂症的伟大著作（1911）更是锦上添花，书中将精神分析观点与临床系统观点放到了同等地位。

不可忽视的是，当时，两个学派的分歧已经很明显了。早在 1897 年[①]，我就发表了一例精神分裂症的分析，鉴于该案例具有偏执狂性格，不免有人会觉得治疗过程有些荣格式分析的影子。但在我看来，与其说侧重点在于症状能否解释，不如说在于疾病的精神机制，尤其是这一机制与已探明的癔症机制的一致性。当年，这两种机制之间的差异尚不明朗。我当时致力于神经症的力比多理论，旨在将神经症和精神病现象解释为力比多的异常变化，也就是说，力比多偏离了正常用途。瑞士研究者们则忽略了这一点。据我所知，时至今日，布洛伊勒仍坚持认为，各种形式的早发性痴呆都具有器质诱因；而且，1908 年的萨尔茨堡大会上，荣格赞成——他关于该疾病的著述于 1907 年出版——用毒素理论解释该疾病的诱因，尽管他的解释并不完全排斥力比多理论，却也对力比多理论只字未提。后来（1912 年），由于过度使用先前拒绝使用的材料，荣格又一次在这个问题上陷入了窘境。

瑞士学派的第三个贡献可能完全归功于荣格，较之其他对此不甚了然的人，我并不十分看重这项成就。我指的是脱胎于 *Diagnostische Assoziationsstudien*［《语词联想研

---

① ［所有德文版里均有这处年份错误。该个案发表于 1896 年 5 月，见弗洛伊德关于"防御型神经精神病"的第二篇论文（1896*b*）的第三部分。］

究》（*Studies in Word-Association*）］（1906）的"情结"理
论。这本身并未带来任何心理学理论，也未见得能顺利融
入精神分析理论的语境。但另一方面，也可以说，人们对
精神分析语言中的"情结"一词已经习以为常；在概括某
些心理状态时，情结成了一个便利而不可或缺的术语①。
在精神分析为自身需要而生造的其他术语中，没有哪一个
泛滥若此，以至于已经妨碍到了更清晰的概念建构。分析
家内部开始谈论某种"情结的返回"，实际上他们想说的
是某种"被压抑物的返回"；或者习惯于说"我对他有某
种情结"，而唯一正确的表达应该是"对他有某种阻抗"。

1907 年，维也纳学派和苏黎世学派联合了起来，此后
几年，精神分析一路高歌猛进，时至今日，那股势头仍历
历在目；精神分析文献的远播，实践、研究精神分析的医
生数量的不断增长，以及大型会议、学术团体里对精神分
析的频频攻击，都体现了这浪潮汹涌。它早已遍及遥远国
度，不仅使各地的精神病学家大受震撼，更是引起了广大
有识之士和其他领域科学工作者的注意。哈维洛克·艾利
斯尽管从未声称自己是精神分析的拥护者，却一直满怀热
情地关注着该学科的发展，1911 年，他在"大洋洲医学大

---

① ［弗洛伊德似乎是在一篇关于诉讼程序中的证据的论文（1906c）中首次借用荣格
的这一术语。但他本人很久以前就在《癔症研究》（标准版，第二卷，第 69 页）
"艾米·冯·N女士"个案的一条脚注里用过这个术语，用法和此处似乎很像。］

会"的一篇报告中写道："现在，弗洛伊德的精神分析不仅在奥地利和瑞士得到拥护和开展，而且在美国、英国、印度、加拿大遍地开花，我毫不怀疑，大洋洲也一样。"① 1910 年，一位智利医生（可能是德国人）在布宜诺斯艾利斯的国际会议上发言，支持幼儿性欲的存在，并高度赞扬了精神分析疗法对强迫症状的疗效②。一位印度中部的英国神经学家（伯克利-希尔 [Berkeley-Hill]③ ）通过一位正在欧洲访学的杰出同事告诉我，对印度穆斯林的分析显示，他们的神经症病因与我们在欧洲病患身上的发现并无不同。

精神分析之传入北美，还颇具殊荣。1909 年秋，麻省伍斯特市克拉克大学校长斯坦利·霍尔（Stanley Hall）邀请荣格和我用几次德文演讲致礼该校二十周年校庆。这所大学规模不大，但在教育和哲学研究方面备受尊崇，我们惊讶地发现，这里的教员们丝毫不带偏见，熟知精神分析文献，并在面向学生的课程中给了精神分析一席之地。在对性讳莫如深的美国，至少在学术界，也可自由、科学地讨论日常生活中所谓的洪水猛兽。我在伍斯特的五场即兴讲座的英译稿发表在了《美国心理学杂志》[1910a]，不久

---

① 哈维洛克·艾利斯（Havelock Ellis），1911。[弗洛伊德本人也向这次在悉尼召开的大会提交了一篇论文（1913m [1911] ）。]
② G. 格雷沃（G. Greve），1910。[弗洛伊德对此写了一篇摘要（1911g）。]
③ [这个名字是 1924 年补写的。]

后又以 *Über Psychoanalyse* 为题发表了德文版①。荣格宣读了一篇关于诊断联想实验的、一篇关于儿童心灵冲突的论文②。我们被授予了法学博士荣誉学位。伍斯特的校庆周，有五位精神分析代表出席：除荣格和我以外，还有和我一道成行的费伦齐，再有当时任教于多伦多大学（加拿大）、现居伦敦的欧内斯特·琼斯，以及早就在纽约从事精神分析实践的 A. A. 布里尔。

在伍斯特，我与哈佛大学神经病理学教授詹姆斯·J. 普特南（James J. Putnam）建立了重要的个人关系。几年前，他曾对精神分析表达过反对意见，但如今转而与精神分析握手言和，并且通过一系列内容丰富、形式精彩的讲座向同胞和同事们推荐了精神分析。普特南道德高尚，对真理坚贞不渝，其在美国的尊望给精神分析带来了莫大帮助，否则，精神分析可能会迅速在多方谴责下难以为继。后来，由于过度屈从于自身天性中强烈的伦理和哲学倾向，普特南提出了一个在我看来有些难以实现的请求——希望精神分析能够服务于"宇宙"这一道德哲学概念——但普特南仍是他祖国精神分析运动的中流砥柱③。

---

① 【译注】《论精神分析》（*Über Psychoanalyse*）在詹姆斯·斯特雷奇（James Strachey）编纂的"标准版"中换了个题目，即著名的《精神分析五讲》（*Five Lectures on Psycho-Analysis*）。

② ［荣格，1910*a*，1910*b*。］

③ ［1924年加注］见1921年出版的普特南"关于精神分析的讲话"。［弗洛伊德为之作序（1921*a*）。］——普特南逝世于1918年。［见弗洛伊德为他撰写的讣告。（1919*b*）］

对于精神分析运动的进一步弘扬，布里尔和琼斯厥功至伟：他们在著作里孜孜不倦地引导同胞们关注日常生活中易于观察到的基本事实、梦和神经症。布里尔通过自己的医学实践以及对我著作的翻译作出了进一步贡献，琼斯则是通过在美国的授课，以及在各大会议上的辩才[1]。美国没有根深蒂固的科学传统，而且官方权威规则十分宽松，这大大助推了斯坦利·霍尔的推广工作。这个国家的特点是，教授也好，精神病院领导也罢，都和独立执业者一样，从一开始就对分析备感兴趣。但很明显，也正是由于相应的原因，过去的文化中心才对精神分析表现出了莫大的阻抗，那里才是精神分析的逐鹿之地。

欧洲国家中，法国至今都表现得极不愿意接受精神分析，尽管苏黎世 A. 梅德（A. Maeder）的法文著作已经提供了便捷的入门途径。第一批表示支持的人来自各省：莫里肖-博尚（Morichau-Beauchant）（普瓦捷）是第一个公开支持精神分析的法国人。雷吉斯[2]和埃斯纳（Hesnard）（波尔多）近来［1914 年］试图通过详尽的陈述来消弭同胞们对新思想的偏见，不过这个陈述并不十分透彻，而且特别对象征作用提出了异议[3]。在巴黎，有一种观点甚嚣

---

[1] 两人的著作都收录在了一些合集里：布里尔，1912，琼斯，1913。

[2] ［E·雷吉斯（E. Régis）(1855—1918) 自 1905 年起在波尔多任精神病学教授。］

[3] ［1924 年以前的版本中，此处写的是"详尽且透彻的陈述，唯独对象征作用提出了反对"。］

尘上（让内本人就曾在 1913 年伦敦大会①上口若悬河地表达过这一观点），即精神分析中的所有精华都是对让内观点的重复，充其量有些微不足道的修改，其余全是糟粕。事实上，就在这次大会上，让内也不得不接受琼斯的一些更正，后者当时向他指出，他对这一主题了解并不充分②。不过，即便不赞成让内在会上的主张，我们也不会忘记他的研究成果对神经症心理学的价值。

在意大利，几次充满希望的起步之后，并未迎来对精神分析的真正兴趣。而通过个人关系，分析很早就获得了进入荷兰的途径：范·埃姆登（Van Emden），范·欧普豪伊森（Van Ophuijsen），范·朗德格姆（Van Renterghem）（《弗洛伊德和他的学派》［*Freud en zijn School*］［1913］）以及两位史塔克（Stärcke）都积极投身实践和理论工作③。英国科学界对精神分析的兴趣发展非常缓慢，但有理由期待，英国人对务实的追求和对公义的热爱，注定会给精神分析一个光明未来。

在瑞典，维特斯特朗（Wetterstrand）疗法的继承者 P. 比耶尔（P. Bjerre）支持精神分析，放弃了催眠暗示，至少当时是放弃了。R. 沃格特（R. Vogt）（克里斯钦尼

---

① ［国际医学大会。］
② ［见让内（1913），琼斯（1915），以及《癔症研究》（布洛伊尔，弗洛伊德，1895）编者脚注，标准版，第二卷，第 xii - xiii 页。］
③ 精神病学家，莱顿大学校长，杰尔格斯玛（Jelgersma）1914 年 2 月对这几位做的校长讲话是释梦与精神分析在欧洲首次得到的"官方"承认。

亚城）在其 1907 年出版的《精神病学基础》（*Psykiatriens grundtraek*）一书中早已表达了对精神分析的青睐，这也是第一本提到精神分析的挪威语精神病学教材。在俄国，精神分析家喻户晓，广为流传；几乎所有我的作品以及其他分析支持者的著作，都被翻译成了俄文。但对于分析理论，俄国还未有真正的透彻理解；所以俄国医生们目前还没有突出贡献。那里唯一训练有素的分析家是在敖德萨执业的 M. 武尔夫（M. Wulff）。精神分析之引入波兰科学界和文学界，主要归功于 L. 杰克尔斯（L. Jekels）。匈牙利，地理上与奥地利近在眼前，科学上却远在天边，只出了一位合作者，S. 费伦齐，但此君之重要，万夫莫匹。①

至于精神分析在德国的地位，只能说它成了科学讨论

①［1923 年加注］（【译注】本条即为本书第 68 页"编者按"中所说"33—34 页"的长脚注。）当然，我无意给这篇写于 1914 年的稿子"up to date"（"更新"）［原文即是英文］。我只补充包括一战在内这段时间的一些变化。在德国，分析理论逐渐融入了临床精神病学，尽管这并不总能得到承认。我作品的法译本过去几年陆续出版，终于在法国激起了对精神分析的热切兴趣，尽管目前文学界的反响比科学界更强烈。在意大利，（上诺切拉的）M. 列维·比安基尼（M. Levi Bianchini）和（的里雅斯特的）爱德华多·韦斯（Edoardo Weiss）自告奋勇成为精神分析的译者和斗士（见 *Biblioteca Psicoanalitica Italiana*［《意大利精神分析丛书》］）。我的作品合集在马德里面世（洛佩兹·巴列斯特罗斯（Lopez Ballesteros）译），表明了西班牙语国家对此的浓厚兴趣（秘鲁，利马的 H. 德尔加多（H. Delgado）教授）。至于英国，我前面的预言似乎正在稳步实现；英属印度加尔各答已经成立了一个专门的精神分析研究中心。在北美，人们对精神分析的理解深度仍旧没有跟上它受欢迎的程度。在俄国，革命以后，精神分析逐渐在几个中心复苏。在波兰，即将发行 *Polska Bibljoteka Psychoatialityczna*《波兰精神分析丛书》。在匈牙利，一个杰出的分析学派在费伦齐的领导下蓬勃发展（见致礼费伦齐 50 岁生日的"纪念文集"［其中包含一封弗洛伊德的评价（1923*i*）］）。目前，斯堪的纳维亚国家对精神分析的接受度仍旧最低。

的焦点，在医生与外行中都引起了激烈争议；这样的争议远未结束，反而一再复燃，有时甚至愈演愈烈。目前，德国还没有官方教育机构正式承认精神分析。能成功用上精神分析的从业者寥寥无几，也只有很少几家机构向精神分析敞开大门，如：克鲁兹林根（瑞士领土）的宾斯万格（Binswanger）诊所，荷尔斯泰因的马尔奇诺夫斯基（Marcinowski）诊所。分析最杰出的代表人物之一，卡尔·亚伯拉罕，他曾是布洛伊勒的助手，在柏林的批评氛围中孤军奋战。我所罗列的只是表面现象，如果不知道这一点，那么人们不免会惊叹，情况竟然多年不曾改变。不要认为官方科学代表、机构负责人以及对他们多有仰赖的跟班们的排斥有多大影响。精神分析反对者的声量大，支持者们迫于威慑而保持沉默，这很自然。后者中有些人起初对分析的贡献很被看好，后来却在环境的压力下退出了。这场运动笃定而默默无闻地继续着；在精神病学家和外行人中不断获得新的追随者，为精神分析文献带来越来越多的新读者，也正因如此，该运动让反对者们的防御更加猛烈。近年来，在某些大会和科学机构的议程中，抑或在某些刊物的评论里，我多次读到：精神分析已经死了，已经败了，已经烟消云散了……对于这一切，最好的回应当属马克·吐温发给误刊自己死讯的报社的电文："我死之报，言过其实。"每有一篇讣告，精神分析往往就会收获新的支持者、合作者，或者得到新的宣传渠道。比起悄无声息的埋葬，举世皆知的死亡终究是一种进步。

精神分析在四处传播的过程中，内容也得到了扩展；从神经症、精神病学扩展到了其他知识领域。本学科在这方面的发展不必由我详述，因为兰克和萨克斯（Sachs）[1913] 已在一卷专门细致从事这方面分析研究的合刊里（洛温菲尔德［Löwenfeld］的一卷 *Grenzfragen*①） 出色完成了这项工作。不过这一发展才刚起步，几乎没有实质性的工作，主要是些尝试性的初探，还有一部分尚停留在谋划阶段。任何通情达理的人都没有理由对此加以呵责——要做的工作盈千累万，研究者却为数甚少，他们也大都另有主业，只能以业余身份来攻克这些陌生科学领域的技术问题。精神分析孵化的这些研究者从不掩饰自身的业余性。他们无非是给专业人士充当了路标和临时替补，以便让后者上场时能自如运用分析的技术和原则。他们取得的成果颇丰，一方面因为分析方法本身就是一片沃土，另一方面也因为有些非医学出身的研究人员已把"精神分析在精神科学中的应用"当成了毕生事业。

大多数对分析的应用都自然而然受到了我早期分析著作的影响。要对神经症人士以及正常人的神经症症状进行审视，就必须要有关于心理状态的假设，而这一假设不可

---

① 【译注】*Grenzfragen des Nerven- und Seelenlebens*（《神经和精神生活的边界问题》）。

能局限于发现这些心理状态的领域。因此，分析不仅给出了对病理现象的解释，揭示了病理现象与正常精神生活的联系，还透露了精神病学与其他各种探究心灵活动的科学之间不为人知的关系。例如，某些类型的梦就引出了对一些神话、童话的解释。里克林（Riklin，1908）和亚伯拉罕（1909）就在我早期著作的影响下开始了对神话的研究，兰克那堪比专家水准的神话学著作［例如 1909，1911b］给二人的研究作了补充。对梦的象征作用的进一步研究直击了神话、民俗（琼斯［例如，1910，1912］，斯托弗（Storfer）［1914］）以及宗教抽象概念等问题的核心。在一次精神分析大会上，有位荣格的追随者论证了精神分裂症幻想与原始时代、原始民族宇宙观之间的关联，所有听众都对此印象深刻[1]。后来，在荣格试图将神经症与宗教、神话幻想联系起来的著作中，神话材料在他的笔下得到了进一步阐发（尽管批评不少，但也十分有趣）。

从梦的研究走出的另一条道路是对想象作品的分析，这最终会走到对其作者——作家和艺术家本身——的分析。早期研究已经发现，作家虚构的梦也可以像真实的梦一样分析（见"格拉迪瓦[2]"［1907a］）。无意识精神活动

---

[1] ［扬·内尔肯（Jan Nelken）1911 年于魏玛大会。内尔肯 1912 年的论文对大会发言作了扩写。］

[2] 【译注】弗洛伊德，《詹森〈格拉迪瓦〉中的妄想和梦》（Delusions and Dreams in Jensen's *Gradiva*）标准版，第九卷，第 3—95 页。

这一构想让我们能对想象性创作的本质形成一个初步看法；通过对神经症患者的研究，我们认识到了本能冲动的作用，这使我们能够察觉出艺术作品的来源，同时向我们提出了两个问题：艺术家会对本能冲动的挑动有何反应，又会以什么方式来掩饰自己的反应①。许多兴趣广泛的分析家都为这两个问题的解决作出了一些贡献，这在精神分析的诸多应用中最为引人入胜。这个方向自然也不乏对精神分析一无所知之人的反对；反对的形式与精神分析研究伊始时的遭遇如出一辙——同样的误解，同样激烈的排斥。精神分析无论要打入任何领域，都必然经历与该领域既得利益者的斗争，这是意料之中的。不过，这些入侵意图还没有引起未来会遭遇的有关方面的注意。至于精神分析在文学方面严谨、科学的应用，兰克关于乱伦主题的详尽论述［1912］轻松拔得头筹。这个主题注定激起嘘声一片。目前，语言科学、历史科学中还几乎没有基于精神分析的研究。我自己斗胆在宗教心理学问题上作了一次创举，把宗教典礼和神经症患者的种种仪式作了类比（1907b）②。普菲斯特尔博士（Dr. Pfister）——苏黎世的一名牧师——在关于"冯·青岑多夫伯爵（Count von

---

① 见兰克的 *Der Künstler*［《艺术家》，1907］，萨德格（Sadger）［1909］、雷克（Reik）［1912，等］，以及其他人对富有想象力的作家们的分析，我本人的《列奥纳多·达·芬奇的童年回忆》［1910c］，以及亚伯拉罕对塞冈提尼（Segantini）的分析［1911］。
② ［所有德文版里此处的年份都误作 1910。］

Zinzendorf)的虔诚"的书中［1910］将宗教狂热溯源为性变态的爱若本能。然而，在苏黎世学派新近著作里，是分析中弥漫着宗教思想，而不是反过来我们所企望的样子。

在题为《图腾与禁忌》的四篇论文［1912—1913］中，我作了一次尝试，从精神分析角度论述社会人类学问题；这项研究直指我们文明中最重要的制度、国家结构、道德、宗教的来历，以及乱伦禁忌和良心的起源。毫无疑问，要说这样的结论能在多大程度上经受住批评，还为时过早。

我关于"玩笑"的书［1905c］是把分析思维应用于美学问题的第一个范本。除此以外，一切都有待来者，他们有望在这个领域大获丰收。我们在各个学科都缺乏专业人士的合作，因此，为了吸引他们，汉斯·萨克斯于1912年创办了期刊——《意象》——他和兰克任编辑。希契曼（Hitschmann）和冯·温特施泰因（von Winterstein）已经开始用精神分析来阐述哲学体系和人格，这个方面，亟需更广和更深的研究。

关于儿童精神生活，精神分析的革命性发现——即性冲动在其中发挥的作用（冯·胡格-赫尔穆特［von Hug-Hellmuth］［1913］）以及无法用于生殖功能的性组分的命运——必然要聚焦于教育，并促使人们把分析观点引至教育领域的台前。这项发现之获得承认，要归功于普菲斯特尔博士，他怀着真挚的热情，率先把精神分析用于这一方

— 109 —

向，并且引起了诸多教士和教育界人士的关注（见《精神分析疗法》[*The Psycho-Analytic Method*]，1913①）。他成功获取了一些瑞士教师的共鸣和参与。据说，他的其他同行也持相同观点，但更倾向于谨慎地待在幕后。随着一部分人退出精神分析，维也纳有些分析家似乎开始将医学和教育结合起来②。

通过这个不全面的概述，我是打算稍微说明一下医学精神分析和其他科学领域之间不可胜数的丰富联系。现有材料需要一整代研究人员的投入，我毫不怀疑，一旦精神分析发源地上的阻抗得到克服，这项工作立刻就能得到贯彻③。

我认为，现在来写这些阻抗的历史是徒劳的，也不合时宜。对我们这个时代的科学家而言，这段史话并不十分光彩。但我必须立刻补充一句，我从未想过要仅仅因为某人是精神分析的反对者就对其加以蔑视——除了某些宵小之辈、投机之人，斗争之中，哪一方都不免有这样的家伙。我很清楚这些反对者的行为该作何解释，再说，我早就明白，精神分析能激发出每个人最恶劣的一面。但我决

---

① [弗洛伊德曾为之作序（1913*b*）]
② 阿德勒与富特穆勒（Furtmüller）著，*Heilen und Bilden*［《疗愈和教育》］，1914。
③ 见我在《科学》（*Scientia*）上发表的两篇文章（1913*j*）。

意对这些反对者不予回应，毕竟我的影响力还在，我也不会阻止其他人加入论战。关于精神分析的争议，我很怀疑，公开或书面的讨论是否真的有什么益处；大大小小的会议上，主流的路线显而易见，至于那些反对我的"君子"，我一贯对他们的理性和品行不大有信心。经验表明，科学论战里，很少有人能保持礼貌，更不要说客观了，因此，学术纠纷给我的印象一直是令人作呕的。或许我的态度是被误解了；或许人们认为我如此天性纯良，如此软弱可欺，以至无须对我多加注意。这就错了；我也可以像别人一样恶言满口，愤怒填胸；但由于我不擅长以老少咸宜的方式公然抒发敛藏的情绪，索性完全缄口不言。

我过去要是能纵容自己和周围人的激情，也许这某些方面的情况会好一些。我们都听说过一个古怪的企图，即把精神分析解释为维也纳社会环境的产物。即便到了1913年，让内都并不羞于使用这一论调，他无疑为自己是巴黎人而感到骄傲，可巴黎却几乎无法声称自己是座比维也纳更具道德规范的城市①。这种意图是在暗示，精神分析，尤其是"神经症起源于性生活障碍"的断言，只可能起源于维也纳这样的小城——那里肉欲横流、道德败坏的氛围与其他城市格格不入——这本不过是维也纳独特环境在理论中的反映、投射。我当然不是地方主义者，但这种关于

---

① ［本句的最后一个从句是 1924 年新增的。］

精神分析的歪理在我看来格外愚蠢——愚不可及，以致我有时倾向于认为，对维也纳公民身份的指责只是一种委婉说法，好用来代替另一种没人愿意公开表达的指责①。如果这个论点所依据的前提与事实相反，那么就应该给维也纳一次申辩的机会。如果有一座城镇，镇民在性满足方面对自己严加限制，同时显著易于患上严重的神经症障碍，那么这座城镇必然会使观察者产生这样的想法，即两种情况之间存在某种联系，并可能会认为一种情况是由另一种所引发的。但对于维也纳，两个假设都不正确。相比于其他首府城市居民，维也纳既没有更多禁欲者，也没有更多的神经症患者。与崇尚贞洁的诸多西方、北方城市相比，维也纳在性关系方面的尴尬——故作正经——反而要少得多。至于神经症的成因，维也纳的这些特点可能更多地会给观察者造成误导，而不是带来启迪。

　　然而，维也纳却极尽所能撇清自己和精神分析发源地的关系。没有哪个地方的开明人士像维也纳这样对分析家抱有如此明显的冷漠敌意。

　　一定程度上，这可能要归咎于我避免广泛公开宣传。如果我当初允许甚至鼓励维也纳一些医学学会把激烈的辩论聚焦于精神分析以消解怒气，让反对者开诚布公，抒发口头或心底的指责、谩骂，那么，也许现在对精神分析的

①〔可能是指弗洛伊德的犹太血统。〕

— 112 —

禁令早就被取消了，它也早就不会再是身在故乡的异客。由此观之，那位诗人借华伦斯坦（Wallenstein）之口说的话不无道理：

> Doch das vergeben mir die Wiener nicht,
>
> dass ich um ein Spektakel sie betrog. ①

一项我未能胜任的任务——温良有礼地向精神分析的反对者指出其偏颇和武断——由布洛伊勒 1910 年所写的《弗洛伊德的精神分析：一份辩护，几点批评》（*Freud's Psycho-Analysis：A Defence and Some Critical Remarks*）很好地完成了。人们也许会认为，我理应对这部作品加以赞赏（本作对两方都提出了批评），所以啊，我要赶紧提出对此作品的一些异议。在我看来，本文还是有些片面，对精神分析反对者的错误网开一面，对拥护者的短处却是吹毛求疵。这个细节也许可以解释为什么这样一位精神病学家——德高望重、能力超群、不拉帮结派——的观点竟然在他的同事中无足轻重。作品的影响力并不取决于论证之笔力，而取决于情感之基调，《情感性》（1906）的作者②想必对此不会感到惊讶。这部作品的另一部分影响——对精神分析追随者的影响——后来被布洛伊勒本人

---

① ［字面意思是："但维也纳人不会饶恕我的是，我将他们从一出好戏中哄骗离场。"席勒，《短笛》（*Die Piccolomini*）第二幕，第七场］

② 【译注】 "作者"指布洛伊勒， 《情感性》指《情感性，暗示性与偏执狂》（*Affectivity：suggestibility，paranoia*）。

摧毁殆尽：1913 年，他在《弗洛伊德理论批判》（"Criticism of the Freudian Theory"）一文中表达了对精神分析的反面态度。文中，他对精神分析的结构极尽贬损，以致我们的反对者对这位精神分析行家给出的帮助拍手称快。然而，布洛伊勒这些反对意见并非基于新的理据或更完善的观察，其所凭借的仅仅是他那有所不足的既有知识，而他再也不会像早期作品中那样承认这一不足了。至此，精神分析似乎面临着一场几乎不可挽回的损失。但在最近发表的《对我的〈精神分裂症〉的批评》（"Criticisms of my *Schizophrenia*"，1914）里，面对人们针对他往谈论精神分裂症的书中引入精神分析的攻讦，布洛伊勒重整旗鼓，提出了一个他自己所谓的"冒昧主张"——"但现在我要作一个冒昧的主张：我认为，迄今，各个心理学学派在解释心因性症状、疾病性质方面贡献鲜少；亟待创立一门医生赖以理解病人、合理治疗病人的心理学，唯有深蕴心理学于此有所建树；我甚至相信，在《精神分裂症》中，我朝着这份理解迈出了一小步。前两个断言肯定正确；最后一个也许有错。"

既然他所谓的"深蕴心理学"不指别的，专指精神分析，那我们眼下也乐得接受这份认可。

三

Mach es kurz!

Am Jüngsten Tag ist's nur ein Furz![1]

————歌德

　　第一届精神分析家内部会议召开两年后，第二届会议于 1910 年 3 月在纽伦堡举行。两次会议间隔期间，鉴于美国方面的积极反响，德语国家日渐高涨的敌意，以及从苏黎世方面意外获得的鼎力支持，我有了一个计划，在我的朋友费伦齐的帮助下，该计划在第二届大会上得到实施。我的设想是，把精神分析运动成体系地组织起来，将运动中心转移到苏黎世，并为之册立一名未来事业的掌舵人。由于这个方案在精神分析追随者中遭到了诸多反对，接下来我会具体陈述我的理由。希望这些理由能说得过去，尽管事实证明，我当初的做法并不十分明智。

---

① 〔字面意思是："一句话！审判之日还不就是个屁！"这两行出自歌德晚年的讽刺诗（威廉·恩斯特（Wilhelm Ernst）大公版，第十五卷，第 400—401 页。诗中，撒旦正在细数拿破仑的罪状，弗洛伊德此处引用的是圣父上帝的回应。弗洛伊德多年前（1896 年 12 月 4 日）给弗利斯的一封信中引用了同样的词句，有意将其用作"阻抗"一章的题记（弗洛伊德，1950a，第 51 封信）。至于弗洛伊德此处的引文，或许可以引申至两种互不矛盾的解释。可能是用这些话批判精神分析的反对者，也可能是自嘲：自己竟在此等琐事上浪费时间。——考虑到不懂德语的读者，可能有必要说明一下，"*Jüngsten Tag*"（字面意思是"审判之日"）一般不会用大写的"J"打头。〕

我曾断定，维也纳与这项新兴运动的联系非但不能让精神分析畅行无阻，反倒会令其掣肘。苏黎世这样的欧洲中心地带——在这里，一名学界导师让他的机构向精神分析敞开了大门——在我看来更有前途。我当时还认为，第二项掣肘之处就是我，关于我本人，各种看法——喜欢的、憎恨的——令人莫衷一是：我要么被比作哥伦布①、达尔文和开普勒，要么被污蔑成麻痹性痴呆②。因此，我希望自己和精神分析诞生的那座城市退居幕后。而且，我已不再年轻；前路漫漫，一想到迟暮之年还要担此领导重任，顿感力不从心③。但我觉得，一定要有人领导。对于从事分析工作的人会遇到的种种陷阱，我再清楚不过，所以我希望，要是能确立一个权威以指导、劝诫大家该有多好，这样一来，许多陷阱也许都是可以避免的。这个位置最初由我执掌，因为我有 15 年的经验，这是无可匹敌的。我感到有必要把这份权威移交给更年轻的人，我死以后，他便能顺理成章地即位。这个人只能是 C. G. 荣格，因为就年龄而言，布洛伊勒是我的同龄人；荣格的优势在于，不世出的才华，对精神分析的既有贡献，独立的观点立场，还有其人格所散发出的笃定力量。此外，他似乎乐于和我建立友好关系，而且因为我的缘故，还放弃了他先前

———————————

① ［这个名字是 1924 年新增的。］
② 【译注】梅毒累及脑部的症状。
③ ［1910 年，弗洛伊德时年 54 岁。］

的某些种族偏见。我当时丝毫没有察觉，尽管有些许好处，这终究是个最令人抱憾的选择，我发掘的这个人无法容忍别的权威，却又无法独力行使职权，只是一味把精力耗在钻研自己的私人兴趣上。

我认为有必要成立一个正式协会，因为我担心，精神分析一旦流行起来就会遭到滥用。届时就得要有所谓的总部出来声明："所有这些胡言乱语都与分析无关；这不是精神分析。"各个地方团体（合在一起就构成了国际协会）的集会上，应该就如何实施精神分析、如何训练医生进行指导，如此一来，地方团体的活跃度就有了一定的保障。再者，既然官方科学已经严令禁止精神分析并明确抵制从事精神分析的医生和机构，那么我觉得，精神分析的拥护者应该联合起来，友好交流，相互扶持。

这正是我希望建立"国际精神分析协会"的唯一初衷。而这可能超出了我力所能及的范围。正如我的反对者们注定会发现，这场新运动的浪潮无可阻挡，我也终将察觉，这场运动不会朝着我规划的方向行进。费伦齐在纽伦堡的提议被采纳了，这是事实；荣格当选主席，并任命里克林做他的秘书；决议出版一份通讯，以联通协会总部和地方团体。协会宣称的宗旨是"壮大和弘扬弗洛伊德创立的精神分析科学，既要注重纯心理学方面，又要注重其在医学、精神科学中的应用；不遗余力地促进成员之间的相互扶持，以获得和传播精神分析知识"。只有维也纳小组强烈反对。阿德勒非常激动地表达了自己的担心，认为这是蓄意"对科学自由进行审查和限制"。最终，在确保协会所在地不是苏黎世，而是时任主席——每两年改选一次——的驻地后，维也纳小组才让步。

这次大会成立了三个地方团体：一个在柏林，亚伯拉罕任主席；一个在苏黎世，团体首脑已经成了整个协会的主席；还有一个在维也纳，我把领导权交给了阿德勒。第四个团体在布达佩斯，成立得晚些。布洛伊勒因病没有出席大会，他后来对是否加入协会举棋不定；和我进行了一次私人谈话后，勉强加入协会，但不久后，由于苏黎世内部的分歧，他又一次退出。苏黎世地方团体和伯尔格茨利的联系就此断绝。

纽伦堡大会成果之一是，阿德勒和斯特克尔联手创办了《精神分析中央学刊》（*Zentralblatt für Psychoanalyse*）。其初衷显然是为了代表在野党：要替维也纳赢回因荣格当选而受到威胁的霸主地位。不过，在两位苦苦寻找出版商的创刊人向我保证无意生事并给我否决权以示诚意之后，我还是接受了学刊的指导工作，并鼓足干劲为这份新喉舌工作；1910 年 9 月，创刊号问世。

我接着讲精神分析大会的故事。第三届大会于 1911 年 9 月在魏玛举行，其就总体氛围和科学意趣而言，比往届更为成功。出席本次大会的 J. J. 普特南后来在美国坦言，这次大会令他十分欣喜，并引用我谈及参会者时所说的

"他们稍微能容忍一点真理了"表达了对他们"心态"的尊重（普特南，1912）。的确，任何参加过科学会议的人都不会不对精神分析协会有好印象。前两届大会由我亲自主持，我为每位宣读者的论文留足了时间，成员间讨论则放到后面私下进行。作为主席，荣格接手了魏玛大会的领导工作，并在每篇论文后面重新引入了正式的讨论环节，不过这在当时还未造成任何困扰。

两年后，1913年9月，慕尼黑召开的第四届大会呈现出了一番截然不同的景象。荣格的主持工作欠妥而失当：宣读者在时间上受限，讨论环节喧宾夺主。无巧不成书，那个天才恶人，霍赫①，正好下榻在召开大会的楼里。于是霍赫完全可以确信那个无稽之谈了——分析家都是一帮他所谓盲从领袖的狂热派。冗长又乏味的议程最终以荣格再次当选国际精神分析协会主席而落幕，他接受了这一结果，可五分之二的与会者都拒绝支持。人众四散而去，了无再会之念。

这次大会前后，国际精神分析协会有以下几股势力。维也纳、柏林、苏黎世的地方团体早在1910年纽伦堡大会时就已成立。1911年5月，慕尼黑新成立了一个由L. 赛义夫（L. Seif）医生主理的小组。同年，美国第一个地方团体在布里尔的领导下成立，名为"纽约精神分析学会"。

① ［见第27页脚注。］【译注】本书第96页。

— 119 —

魏玛大会对第二个美国团体的成立予以了授权；次年，该团体以"美国精神分析协会"的名义成立，吸纳了来自加拿大和全美的成员；普特南当选主席，欧内斯特·琼斯任秘书。1913年慕尼黑大会前不久，布达佩斯地方团体由费伦齐牵头成立。此后不久，第一个英国团体由回到伦敦的欧内斯特·琼斯组建。这里提的八个地方团体成员规模当然不足以估量无组织的精神分析学习者、追随者数量。

精神分析期刊的发展也值得一提。开山之作是《应用心智科学论文集》（*Schriften zur angewandten Seelenkunde*）① 这一系列专题论文，自1907年以来不定期出版，现已出到第十五期（出版商一开始是维也纳的海勒〔Heller〕后来是 F. 多伊蒂克〔F. Deuticke〕）。其中收录了弗洛伊德（1号、7号刊），里克林、荣格、亚伯拉罕（4号、11号刊），兰克（5号、13号刊），萨德格、普菲斯特尔、马克斯·格拉夫（Max Graf）、琼斯（10号、14号刊），以及斯托弗、冯·胡格-赫尔穆特等人的著作②。《意象》（稍后就会提及）创刊以后，上述出版物的地位就开始走下坡路了。1908年萨尔茨堡会议后，创办了《精神分析与精神病理学研究年鉴》（*Jahrbuch für psychoanalytische und psychopathologische Forschungen*），在荣格的主编下出版了五

---

① 〔见弗洛伊德为这个系列所作的简介（1907*e*）。〕
② 〔1924年加注〕此后，还出版了更多萨德格（16、18号刊）和基尔霍尔兹（Kielholz）（17号刊）著作。

年，如今在两位新主编①的主管下重新出版，刊名稍有改动，叫《精神分析年鉴》（*Jahrbuch der Psychoanalyse*）。它不再像近几年那样，仅仅旨在充当自己人的出版文库。相反，是要在编辑们的运作下，努力达成记录精神分析领域的任何成果、任何进展这一目标②。《精神分析中央学刊》，如前文所说，1910 年国际精神分析协会在纽伦堡大会成立后，由阿德勒和斯特克尔创办，其短暂的生命风雨激荡。早在第一卷第十期［1911 年 7 月］，头版就是一则声明，由于与指导者科学上的意见分歧，阿尔弗雷德·阿德勒博士已决定自愿辞去编辑职务。此后，斯特克尔留任成为唯一的编辑（1911 年夏起）。魏玛大会上［1911 年 9 月］，《中央学刊》升格为国际协会的官方喉舌，并且变为全体会员均可订阅，年订阅量也随之有所增长。第二卷③第三期以后（1912 年冬［12 月］），内容开始由斯克特尔全权负责。他一些不足为外人道的行为让我不得不辞去指导之职，并在仓促间创立了一个新的精神分析喉舌——《国际医学精神分析杂志》（*Internationale Zeitschrift für ärztliche Psychoanalyse*）在我们几乎所有工作人员和新出版商雨果·海勒的共同努力下，一号刊于 1913 年 1 月出版，于

①　［见前文第 7 页注释。］【译注】本书第 71 页。
②　［1924 年加注］战争伊始就停止了发行［只出了第一卷（1914）］。
③　［先前所有版本均作"第二卷"。其实应该是"第三卷"。这几卷从十月发行至次年九月。］

是，它取代《中央学刊》成了国际精神分析协会的官方喉舌。

同时，1912年初，汉斯·萨克斯博士和奥托·兰克博士创办了一本新期刊——《意象》（由海勒出版）——专为精神分析在心智科学方面的应用而设。《意象》现在正在出第三卷，读者很感兴趣，订阅量越来越大，有些订阅者还几乎与医学分析毫不相干[①]。

除这四种期刊（《应用心智科学论文集》《年鉴》《杂志》和《意象》）以外，其他德国和外国杂志发表的文章也在精神分析文献中或有一席之地。莫顿·普林斯（Morton Prince）主编的《变态心理学杂志》（*Journal of Abnormal Psychology*）往往能收录许多优秀的分析稿件，因此理应将其视作美国分析文献的主要代表。1913年冬，纽约的怀特（White）和杰利夫（Jelliffe）创办了一份专注于精神分析的新期刊（《精神分析评论》[*The Psychoanalytic Review*]），这无疑是考虑到美国多数对分析感兴趣的医生都觉得德语是道难关[②]。

----

① [1924年加注] 1919年，这两份期刊的出版工作都移交给了 Internationaler Psychoanalytischer Verlag [国际精神分析出版社]。目前（1923年），两者都出到了第九卷。（事实上《国际杂志》已经问世十一年，《意象》则是第十二年，但由于战争期间的变故，《杂志》第四卷涵盖了不止一年的时间，如1916—1918，《意象》第五卷则是1917—1918。）第六卷起，《国际杂志》的标题中去除了 "*ärztliche*" [医学] 一词。

② [1924年加注] 1920年，欧内斯特·琼斯着手为英美读者创办了《国际精神分析杂志》。

行文至此，我必须谈谈精神分析追随者中发生的两次分裂：第一次发生于 1910 年协会成立到 1911 年魏玛大会之间；接着，第二次就开始萌动，并于 1913 年在慕尼黑公开化。我如果把注意力更多地用在关注接受分析治疗的病人们的反应，兴许就能免受这两次分裂带来的失望。我当然很清楚，初次面临难以接受的分析真相时，任何人都可能会逃之夭夭；我坚信，每个人对分析的理解都受自身压抑的限制（或者更确切地说，受维持压抑的阻抗的限制），因此，在与分析的关系中，个人无法超越某个特定的点。但我未曾料想的是，一个对分析已有相当程度理解的人竟会摒弃，而且就此丧失这份理解。不过，接诊病人的日常经验表明，无论哪个心灵层面表现出特别强烈的阻抗，都可能导致对分析知识的完全拒斥；劳神费力之下，我们或可让病人掌握并自如运用一部分分析知识，但我们可能会看到，一旦下一波阻抗占据主导，病人就会把所学的一切抛诸脑后，并采取防御，就仿佛他还是那个一无所知的初学者。我不得不吸取这个教训：和分析中的病人一样，精神分析家身上也可能发生同样的事情。

　　书写这两次分裂的历史绝非易事，也不是一件令人称羡的工作，部分是因为，我没有强烈的个人动机——我既不期求得到感谢，也绝不是复仇心切——还有部分原因是，我知道这样做会让自己饱受缺乏原则的对头们的谩骂，并且让分析的敌人们饱览一出期待已久的大戏——"精神分析家们厮杀得血肉横飞"。我曾为避免与分析之外的对手短兵相接而采取极大克制，如今却发现自己不得不对分析的前追随者，乃至那些仍爱声称自己是分析追随者的人操戈相向。然而，对此我别无选择；只有懒惰或懦弱才会使一个人保持沉默，较之坦然揭露业已存在的危害，沉默造成的危害更甚。任何了解其他科学运动的人都知道，同样的剧变和纷争在这些领域也时有发生。在其他地方，也许这些事情被隐藏得更仔细些；但精神分析拒绝墨守诸多陈规，在这些事情上也要坦诚得多。

还有一大掣肘之处，那就是我无法完全避免对这两场反对运动进行分析式阐述。但分析并不适合用于争辩；因为分析的前提是被分析者的同意，以及一个有主有从的情境。因此，任何以争辩为目的展开分析的人，都必遭被分析者将分析还施己身，这样的讨论完全不可能让任何不偏左右的第三方信服。因此，面对我的对手，我将最大限度限制对分析知识的运用，同时也最大限度不用不检之言和咄咄之语；我可能还要点明，我不是在针对这些观点进行任何科学批评。至于我所反对的诸条理论中可能包含的真理，我不关心，也不试图予以驳斥。我会把这项工作留给精神分析界其他胜任此项工作的人，事实上，这项工作已经部分完成了。我不过是想表明，这些理论是在否定（以及是在哪些点上否定）精神分析的一些基本原则，因此，这些理论不应被当作精神分析。所以，我对分析的运用仅限于解释这些分歧如何在分析家之间产生。谈到出现分歧的点时，我自然要用一些纯批判性的言论来捍卫精神分析的正当权利。

精神分析要面对的第一项任务是解释神经症；分析以阻抗和转移这两个事实为出发点，并将第三个事实，即遗忘，纳入考量，进而用压抑、性驱力对神经症的影响、无意识等理论对三者加以解释。精神分析从未声称要给出一个关于人类心灵的完备理论，不过是希望自己的成果可以用来补充和纠正以其他方式获得的知识。但阿德勒的理论则远不止于此；它试图一举解释人类的行为、性格，以及神经症和精神病。实际上，该理论用在任何领域都比用在神经症上合适，然而受限于自身的发展历程，该理论最为着重的仍旧是神经症。多年来，我不乏研究阿德勒博士的机会，我也从不讳言，他才能非凡，且别具一种思辨天性。至于他声称曾经遭到我的"迫害"，我可以点明，这指的是协会成立以后，我把维也纳小组的领导权交给了他。直到全体成员提出迫切要求，我才勉强在维也纳学会的科学会议上重登主席之位。认识到阿德勒在评估无意识材料方面尤其缺乏天赋后，我转而期望他能在揭示精神分析与心理学的联系、精神分析与本能过程的生物学基础的联系上获得成功——一定程度上，他关于"器官自卑"的宝贵研究①没有让我的期望落空。事实上，他在这方面确实做出了一些成果；但他的著作传达着一种印象，"仿佛"——按他自己的"行话"来说②——是要证明精神分析在各个方面都是错的，以及分析之所以如此重视性驱力的影响，是因为盲目采信了神经症患者的断言。我甚至可以将他研究的个人动机公之于众，毕竟他自己已经当着维也纳小组一小撮成员的面郑重其事地说了："你以为终身附在你的阴影之下会令我备感欣喜吗?"当然，年轻人坦承自己的雄心壮志，在我看来无可厚非，不难猜到，这份野心也是鞭策他研究的动力之一。但是，即便一个人被这种动机支配，也该知道如何避免落入娴于辞令的英国人所谓的"有失公允"③——要是用德语，就只能用一个颇为粗俗的词了。阿德勒在这方面很不到位，证据就是，他的作品中充斥着令文本大为减色的小小恶意，而且这些作品都透露着无法自禁的对优先权的热望。在维也纳精神分析学会，我们真的听到过他声索对"神经症的统一性"以及"动力学观点"的优先权。我大受震撼，因为我一直认为，在根本还不认识阿德勒的时候，这两条原则就已经由我提出了。

不过，阿德勒为了从阴影走入阳光所做的努力却带来一个注定会对精神分析有利的结果。在不可调和的科学分

---

① ［阿德勒，1907。］
② ［"仿佛"（as if）"行话"（jargon）两个词显然出自阿德勒的著作。］
③ 【译注】德文版原文即为英文"unfair"，标准版未注明这一点。

歧明面化后，我不得不让阿德勒辞去《中央学刊》的编辑职务，他也离开维也纳学会，另起炉灶，当初还起了个颇有韵味的名字，叫"自由精神分析学会"[*Verein für freie Psychoanalyse*]。但与分析无关的局外人显然难以领会两派精神分析家观点的差异。"自由"精神分析仍旧笼罩在"官方""正统"精神分析的阴影之下，被视为后者的附庸。于是阿德勒采取了行动，对此，我们表示谢天谢地；他断绝了与精神分析的所有联系，并把自己的理论称作"个体心理学"。上帝造就的地球有足够的空间，人人都有充分的权利在其间无阻无碍地徜徉；而对于那些已经不再相互理解、乃至水火不容的人，共处穹顶之下绝非美事一桩。阿德勒的"个体心理学"如今是众多反对精神分析的心理学流派之一，其后续发展与精神分析无关。

阿德勒理论从一开始就是个"体系"——一个精神分析在小心翼翼避免成为的体系。这也是个很好的"次级润饰"的例子，与梦的材料在醒时思维作用下经历的过程如出一辙。就阿德勒而言，梦的材料的地位被精神分析研究得来的新材料取代了；然后，又纯粹以自我的立场来看待新材料，将其简化至自我熟悉的范畴，使其被改写、被扭曲，以及——恰如梦的形成中发生的——被误解①。再者，与其说阿德勒理论的特点在于其赞成的主张，不如说在于

---

① ［见《释梦》第六章，第一部分（标准版，第五卷，第490页）。］

其拒绝承认的东西，因此可以说，该理论含有三种价值截然不同的要素：对自我心理学的切实贡献；画蛇添足但差强人意地把分析事实翻译成的新"行话"；以及，事实与自我的要求不符时，对其进行的变形和歪曲。

精神分析从未忽视过第一种要素，尽管也没有必要对此有任何特别关注；分析更注重的是，证明每一种自我倾向都包含力比多组分。阿德勒理论强调的则是与之相对的另一方面，即力比多本能冲动里以自我为中心的成分。这本来会是一项值得称道的成果，可阿德勒为了支持自我中心组分、否定力比多冲动，将这一观察用到了各种场合。他的理论做了每个病人都在做的事情，也是我们意识思维通常做的——即如琼斯［1908］所说，运用合理化来掩盖无意识动机。阿德勒一贯就是如此，他断定，性行为中最强劲的动力是男人的意图，想要展示自己是女人的主人——想要"在上面"。我不知道他有没有在自己的著述中表露过这些奇谈怪论。

精神分析很早就认识到，任何神经症症状可能都要归结于某种妥协。因此，每个症状都一定在某些方面服从了实施压抑的自我的要求；症状必须给出一些好处，必须要有一些有用之处，否则就会遭遇原始本能冲动的相同命运——被抵挡开去。"从疾病获益"一词已经考虑到了这一点；如果症状要持续下去，甚至有必要区分自我的"原发"获益，即对症状的产生起到作用的获益，和"继发"

获益，即自我的其他目的无心插柳的获益①。人们早就知道，获益从疾病中抽离，或者因外部环境的变动而导致获益消失，被视为症状得以疗愈的机制之一。阿德勒学说着重强调的是上述易于验证、清晰易懂的关联，全然忽视了这样一个事实：自我之所以向强加于己的不适症状屈服，往往不过是惺惺作态，毕竟有益可图——例如，把焦虑当作获得安全感的手段来忍受。自我此时扮演的是马戏团里的滑稽小丑，试图用手势让观众们相信，马戏场里的每个把戏都是在自己的命令下上演。但只有最年轻的观众才会上当受骗。

对于阿德勒理论的第二个组成部分，精神分析有必要像支持自己的理论一样加以支持。其实这本质上就是精神分析的知识，这位作者不过是将其从十年来的共有的工作中精炼了出来，在术语上稍加改动就妄称是自己的理论。比如说，我自己都认为，"保护［Sicherung］"这一术语比我用的"预防措施［Schutzmassregel］"更加到位；但我看不出两者在意思上有何差别。又比如，在阿德勒的观点中，我们要是把"捏造的［fingiert］""假想的""虚构"换回早先的"幻想的"和"幻想"，就会觉得无比亲切。精神分析会坚决强调这些术语之间的同一性，即便其作者已

① ［关于疾病原发、继发获益的完整讨论见弗洛伊德《精神分析引论》（1916—17）第二十四讲。］

多年未参与我们的共同工作。

　　阿德勒理论的第三部分是对不称心意的分析事实的歪曲和篡改，这正是将现在所谓的"个体心理学"和精神分析截然区分之处。据我们所知，阿德勒体系的原则是：个体自我肯定的目标，即其"权力意志"，就是以"男性抗议[①]"的形式在处世之道、性格形成，以及神经症中起主导作用的东西。但"男性抗议"这个阿德勒所谓的动力不是别的，而是与压抑的心理学机制脱钩的，并且还性欲化了的压抑——这和他吹嘘的把性欲从其在精神生活中的位置扫地出门大不相符[②]。"男性抗议"确有其事，但将其视作精神生活的［唯一］动力，是对观察事实的过河拆桥。我们来设想一个感受得到幼儿欲望的基本情境：孩子观察到了成人之间的性行为。对于把这段生活史交由医生审视的案例，分析显示，在那个时刻，有两种冲动占据着这位稚嫩的看客。对于男孩子，一种冲动是让自己置身主动的男人位置，另一种则是相反的冲动，让自己认同于被动的女人[③]。两股冲动让该情境带来愉悦的可能性消磨殆尽。

---

① ［"男性抗议"（masculine protest）这个术语是阿德勒 1910 年在纽伦堡大会宣读的"Der psychische Hermaphroditismus im Leben und in der Neurose"（《生活与神经症中的心里雌雄同体》）一文中引入的。其摘要发表在了《精神分析与精神病理学研究年鉴》，第二卷（1910），第 738 页，全文发表在了 Fortschritte der Medizin（《医学进展》），第二十八卷（1910），第 486 页。］

② ［弗洛伊德在《被打的孩子》（"A Child is Being Beaten"，1910e，标准版，第十七卷，第 200 页）文末就阿德勒对压抑的解释作了更大篇幅的讨论。——自恋相关"男性抗议"的讨论见下文（第 92 页）【译注】标准版《自恋导论》）。］

③ ［见《自我与它我》（The Ego and the Id，1923b）第三章。］

如果男性抗议这个概念还想保留一些意义，那就只有第一种冲动可以归到其名下。但在后来发病的神经症中更为重要的是第二种冲动，可阿德勒对其进一步的发展视而不见，或者说一无所知。阿德勒已经完全融进了自我的嫉妒狭隘，以至于只重视令自我舒适、受自我支持的本能冲动；神经症中，有些冲动是反对自我的，这种情况显然超出了他的眼界。

把理论基本原则与儿童精神生活相结合，精神分析认为确有必要，但在这种尝试中，阿德勒极度严重地背离了实际观察，并且在他的概念里呈现了最为根本的混淆。"男性""女性"的生物学、社会学、心理学意义被无可救药地混为一谈①。孩子无论男女都与生俱来带着对女性器官的蔑视去规划人生，都以成为真正的男人为"指导方针②"，这不可能，也与观察不符。孩子们最早并不明白性别差异的意义；相反，他们一开始是假设两个性别都有一样的生殖器（男性生殖器）；他们对性的探索并非始于性别差异问题③，至于社会对女性的低估，他们也完全陌生。有些女人的神经症中，成为男人的愿望就没有发挥作用。无论真实存在的是男性抗议的哪部分性质，多半都可以追

① ［见弗洛伊德《三论》（1905d）第三篇第四部分1915年增加的注释，标准版，第七卷，第219页。］

② ［"Leitlinie"，阿德勒经常使用这一术语。］

③ ［这个观点（弗洛伊德《三论》第二篇第五部分1915年增加的段落中重申了这一观点）在他后来关于性别差异的论文（1925j）中得到了修正。］

溯至阉割威胁或最早的性活动受到干涉所致的原初自恋紊乱。一切关于神经症心理起源的争论最终都会在儿童神经症的领域尘埃落定。对童年早期神经症的仔细剖析终结了所有关于神经症病因学的误解，以及所有关于性本能在其中作用的怀疑[1]。这就是为什么在对荣格《儿童心灵中的冲突》[1910c] 一文的批评中，阿德勒 [1911a] 不得不诉诸这样的非难：案例中的事实"无疑是[孩子的]父亲[2]"单方面编排的。

我不再赘述阿德勒理论的生物学方面，也不再讨论现实的"器官自卑"[第 51 页，注释 1[3]] 或对器官自卑的主观感受——人们搞不清楚哪一个——是否真的能够作为阿德勒体系的基础。我只是顺带点明一下，要真像阿德勒所说的那样，神经症就会作为各种身体衰老的副产品而出现，但观察却显示，绝大多数丑陋、畸形、残疾、悲苦之人都无法用神经症来应对自己的缺陷。对于自卑感应当追溯至孩提时的感受这个有趣论断，我也不予置评。这揭示了，"个体心理学"这层伪装下重新出现的，是精神分析极力强调的幼儿期因素。另一方面，我也必须指出，所有关于精神分析的心理学积累是如何被阿德勒抛诸脑后的。

---

① [对该事实的论述正是弗洛伊德对"狼人"的分析（1918b）的主要论点，《狼人》起草于本文出版后几个月。]

② 【译注】荣格在文中以自己女儿为例，讨论了儿童心灵中的冲突，此处的"父亲"指荣格本人。

③ 【译注】本书第 126 页注①。

在他《论神经质性格》(*Über den nervosen Charakter*)［1912］一书中，无意识仍被描述为一种心理学特质，却与他的体系毫无瓜葛。后来他一直宣称，某个观念是意识的还是无意识的，对他来说都无关紧要。阿德勒打一开始就没有表现出对压抑有任何理解。他在维也纳学会（1911年2月）宣读的一篇摘要中写道：必须指出，某例个案中有证据表明，病人从未压抑力比多，而是一直在"保护"自己免受力比多影响①。此后不久，维也纳学会的一次讨论上，他说："如果你问压抑从何而来，你会被告知，'来自文明'；但要是继续问文明从何而来，则会被告知，'来自压抑'。可见，这一切不过是文字游戏。"靠着机敏和才智，阿德勒阐明了"神经质性格"的防御方式，而这机敏和才智的哪怕十分之一都足以让他跳出这种自欺欺人的诡辩。无非就是文明建立在前面若干代人的压抑之上，而每一代新人都需要进行这种压抑才能维持文明。我曾听说过，有个孩子认为别人都在嘲笑他，于是哭了起来，因为他问鸡蛋从哪儿来时，人们告诉他"从母鸡那儿来"，而当他接着问母鸡从哪儿来时，人们又告诉他"从蛋里来"。可是，人们并不是在玩文字游戏；相反，是在告诉他真相。

阿德勒对于梦所说的一切——说这是精神分析的陈词滥调——依旧是空洞乏味。一开始，他是把梦看作女性路

---

① ［可以在《精神分析中央学刊》第一卷第371页找到这篇摘要。］

线向男性路线的转变——不过是把梦是愿望的实现这一理论翻译成了"男性抗议"的表达方式。后来他发现，梦的本质在于让人们无意识地实现被有意识否认的事情。必须承认，阿德勒［1911b，第215页注］在混淆梦与隐含梦思这方面的确具有优先权——他所发现的"预演倾向"正是建立在这个混淆之上。梅德［1912］后来在这方面也步了阿德勒后尘①。这就已经忽视了一个事实：对表面看似无解的梦的任何解释都是基于假设和结论均尚存争议的释梦方法。至于阻抗，阿德勒告诉大家，阻抗是为了实施病人对医生的反对。这倒千真万确；简直就像在说，阻抗是为了实施阻抗。然而，阻抗从何而来，或者阻抗现象怎么会为病人所用，由于被视为对自我无关紧要，阿德勒对此未有进一步研究。症状和疾病症候的详细机制，对各种疾病及其表现形式的解释，都被全盘忽视；因为所有这些都被迫屈从于男性抗议、自我肯定和人格强化。该体系本身是完备的；成型过程中，该体系花了海量精力重新制作解释，却没能作出任何新的观察。我想我已经说得很清楚了，这个体系和精神分析毫不相干。

阿德勒体系所展现的人生观完全建立在攻击的本能之上，根本没有给爱留以余地。人们可能会讶异，一个如此

---

① ［见-1914年为《释梦》增加的注释，标准版，第五卷，第579—580页。］【译注】阿德勒、梅德认为梦会预演、排练接下来将在现实中遇到的事情。

阴沉的 *Weltanschauung*① 竟然还会得到青睐；但不要忘了，只要用"克服性欲"作诱饵，不堪性需求重负的人类可以甘愿接受任何玩意儿。

阿德勒的分裂发生在 1911 年魏玛大会前夕，在此之后，瑞士人的分裂也蠢蠢欲动。说来也怪，这场分裂运动的苗头竟是里克林在一些瑞士畅销读物上发表的言论，于是普罗大众竟然比局内人还先了解到，精神分析已经纠正了一些先前令其声名扫地的错误。1912 年，在从美国写给我的信中，荣格夸耀说，他对精神分析的改良已使许多此前拒绝与精神分析有任何瓜葛的人克服了阻抗。我回信说，没什么好夸耀的，越是为来之不易的精神分析真理奉献，就越会看到阻抗的消失。瑞士人引以为豪的这种改良，无非又是把精神分析理论中的性因素放到次要位置。我承认，当初我也曾认为这种"进步"是一次影响深远的就现实需要而做的调适。

相形之下，这两股精神分析运动的逆流还有一个共同点：都在提出一些崇高理念以树立合己心意的观点，就事论事，这种观点是在 *sub specie aeternitatis*② 看问题。对于阿德勒，这体现在各知识间的相关性，以及人格根据个人

---

① 【译注】世界观。
② 【译注】字面意思是"以永恒不变的角度"。

喜好对知识材料进行人为构建的正当性；在荣格处则体现在对年轻人历史使命的呼吁，要挣脱专制时代陈腐观念的枷锁。必须说些什么来戳穿这些观点的谬误。

认为人们的知识有相关性，这种看法可以用来反对精神分析，也同样可以用来反对其他任何一门科学。这种看法出自一些眼下见怪不怪的反科学保守思潮，还标榜自己有一副不世出的优越之态。谁也猜不到世人会如何给我们的理论成果盖棺定论。前三代人的反对被后代拨乱反正的情况并不少见。一个人认真听取了自己内心的批评，并对对手的批评加以留意之后，除全力坚持自己基于经验而来的信念外，不用再多做什么了。应该止于实事求是，不冒僭法官之位，裁判之事，留待后世。在科学问题上突出个人武断观点是不对的；这显然是在试图质疑精神分析被视作一门科学的正当性，尽管上述观点〔关于各种知识的相关性〕早就贬损过精神分析的价值了。凭空想象的个人喜好无论在何处盛行，看重科学思维的人都会尽可能找到方式方法对其加以限制。此外，也就这个机会重申一下，任何狂热的自我辩护都不可取。阿德勒做的抗辩并不严肃——只是一味打击对手，对自己的理论则是隔靴搔痒。这样的争辩并不妨碍追随者们将其拥作弥赛亚，降世之时，先锋们早已为其备好了翘首以待的信众。但弥赛亚显然不是具有相关性的现象。

荣格那 *ad captandam benevolentiam*① 的论点依据的是一个过于乐观的假设，即人类的文明和知识都会循着一条连续道路向前发展；就仿佛革命之后不会有衰世之秋，不会有反动复辟，就仿佛不曾有世代大开倒车、前功尽弃。对大众立场的迎合，对不受欢迎的新事物的放弃，让荣格的改良版精神分析先天就无法理直气壮地自居为一场朝气蓬勃的解放运动。毕竟，朝气蓬勃与否并不取决于行事者的年龄，而取决于行动的性质。

此处讨论的两股运动中，阿德勒的无疑更为重要；尽管错得离谱，但其一致性和连贯性可圈可点。此外，别的暂且不论，阿德勒的理论至少还是基于本能理论的。而另一方面，荣格的改良则是在消解现象与本能生活之间的联系；再者，正如批评者（如，亚伯拉罕、费伦齐和琼斯）所指出的，荣格理论晦涩不明、不知所云、含混不清，以至于令人无所适从。哪怕掌握任何一丁点荣格理论，人们都必须有听到"你误会这个理论了"的准备，人们根本就搞不明白如何才能做到正确理解。该理论是以一种相当摇摆不定的方式提出的，上一秒还是"相当轻微的转向，不该招致此等强烈非议"（荣格语），下一秒就成了新的救世之道，会开启精神分析的新纪元，还会真真切切地让每个人获得新的"世界观"。

---

① ［"为了博得好感"。］

人们只要想想荣格派运动在公开和私下发表的各种宣言中表现出的自相矛盾，就一定会自忖，这究竟在多大程度上是因为不够清晰，多大程度上又是因为缺乏诚意。但必须承认，新理论的倡导者们也发觉自己身处窘境。他们如今正在质疑自己过去奉行的东西，而之所以这样做，不是因为新近观察让他们学到了更多，而是因为新的解释让他们眼中的事物显得与过去有所不同。出于这个原因，他们不愿意放弃与精神分析的联系，毕竟他们是作为精神分析的代表人物而闻名于世，因此他们更愿意散布言论说精神分析发生了变革。在慕尼黑大会上，我发觉有必要澄清这种混同，为此我申明，不承认瑞士人的"创新"是对我所创精神分析的正统延续，也不是对此的进一步发展。外界批评家（如，富特穆勒）早已看穿了端倪，而且亚伯拉罕说得很对，荣格完全退出了精神分析。我当然完全赞同每个人都有权随心所欲地思考和写作，但他们也无权挂羊头卖狗肉。

阿德勒的研究不过是给精神分析锦上添花——对自我心理学的贡献——就指望我们为这份礼物付出极度高昂的价码：抛弃所有基本的分析理论；荣格及其追随者与此如出一辙，向精神分析赠予一个新物件，从而为反对精神分析铺平道路。他们详述了（就像普菲斯特尔在他们之前做的）家庭情结、乱伦对象选择之类的性观念材料是如何被用作人类最高伦理和宗教意趣的代表——也就是说，他们阐述了一个重要机制，即爱若本能驱力的升华，以及这些驱力如何转化成不再可冠以爱若之名的趋向。这与精神分析的预期完全一致，也非常符合如下观点，即梦和神经症中可以看到，这种升华——和其他升华一样——在退行中消解。但全世界都会义愤填膺，对伦理和宗教的性欲化表示抗议。如今，我不得不以结果为导向去思考，并得出这样的推论：这些探索者们无力面对这场义愤风暴。或许甚至这风暴已开始在他们自己心中肆虐。许多瑞士研究者对精神分析的态度受神学背景影响，这不亚于阿德勒的社会主义背景对其心理学成果的影响。这不禁让人想起马克·吐温关于自己手表的名篇及其结语："他时常纳闷，世上的蹩脚工匠，不论补锅的、造枪的、制鞋的，还是打铁的，最后都混得怎么样；只可惜从来没人能告诉他。"[1]

　　假设——打个直接的比方——某个社区住着一位暴发户，他吹嘘自己是外地某个贵族家庭的后裔。但有人戳穿了他，说他父母就住附近，都是寒微之人。于是他只好紧抓唯一的脱困之法，再也不否认与父母的关系，而是坚称他们家世显赫，只不过是落魄凡尘；还从某个乐于助人的官方渠道谋得了一份族谱。在我看来，瑞士人似乎被迫在以同样的方式行事。如果伦理和宗教不容被性欲化，而必须从根本上就是"更崇高的"东西，但两者蕴含的观念又不可否认地源自俄狄浦斯和家庭情结，那么就只剩下一条出路：

---

① 【译注】《修表记》（My Watch：An Instructive Little Tale）

— 139 —

这两个情结的本意一定不是它们看似在表达的意思，而是承载着更崇高的"神秘"意义（按希尔伯勒［Silberer］所说），于是便可将它们用于伦理和宗教神秘主义的抽象思路。

至于会听闻我误解了新苏黎世理论的实质与用意，我有充分的思想准备；但在此之前，我必须严正抗议，该学派将其刊物上与我观点相左的内容归咎于我，而不是其自身。我实在没有办法让自己弄懂荣格的这套创新，也没有办法理解其深意。对于精神分析，荣格提倡的所有变革都旨在按照他的意图消弭家庭情结中令人反感的部分，以便其不再出现在宗教和伦理之中。性力比多被一个抽象概念取代，我们可以很有把握地说，无论对于智者还是愚夫，这个抽象概念都一样令人疑惑不解。俄狄浦斯情结被说成只有"象征"意义：其中的母亲意味着不可企及之物，是为了文明而必须放弃的；俄狄浦斯神话中被杀的父亲指的是"内在"父亲，一个人要变得独立就必须得脱离这个父亲。毫无疑问，随着时间推移，别的性观念材料也会遭遇类似的"重新解释"。"不受自我掌控的爱若趋向"与"自保趋向"的冲突成了"生活任务"与"精神惯性"的冲突［第 272 页］①；神经症患者之所以因负罪感而自责，原因

---

① 【译注】标准版，第十四卷，《与精神分析中偏执狂疾病理论相悖的偏执狂案例》（*A case of paranoia running counter to the psycho-analytic theory of the disease*, 1915）。文末着重批判荣格"精神惯性"一词是对精神分析理论的歪曲，就算够不上歪曲，充其量是"固着"（fixation）一词的平替。

成了没能很好地完成"生活任务"。这样就形成了一种新的宗教伦理体系，它和阿德勒体系一样，注定会重新解释、歪曲变形，或者抛弃真正的分析研究成果。事实上，这帮人只是从生命的交响曲中听出了几个文明世界的泛音，却一再对本能那原始又雄健的旋律置若罔闻。

要维持这一体系不至崩坏，就必须完全抛开观察，并背离精神分析技术。有时，对事业的热忱甚至会使人无视科学逻辑——荣格就是如此，当他认为俄狄浦斯情结作为神经症的病因还不够"特异"，进而将这种特异性归结于惯性这一最为普遍的，一切有生命、无生命物质共有的特质时，就是如此！顺便一提，要注意，"俄狄浦斯情结"只代表个体精神力量必须应对的一个问题，而不像"精神惯性"那样本身就是一种力量。针对个人的研究已经表明（并将持续表明），原初感官中的性情结一直活跃于个体之中。于是，个体研究［在一些新理论中］被推到幕后，取而代之的是基于人类学考据的结论。一涉及每个个体的童年早期，这些重新解释过的情结就会面临与情结原初、未经掩饰的意义狭路相逢的巨大风险；因此他们在治疗中提出了这样的禁令，即应该尽可能少地讲述过去经历，把重点放在还原当下冲突，而且还说，当下的冲突中，问题的根本绝不在于偶然、个人因素，而在于普遍因素——确切地说，就是未完成生活任务。然而，我们知道，只有追溯前史，只有回溯发病时力比多选择的道路，才有可能理解和解决神经症患者当下的冲突。

新苏黎世疗法在上述这些因素的影响下，其情状从一位亲历此疗法的病人口中可见一斑："过去或转移在这当中并未得到丝毫关注。每当我觉得自己察觉到转移，都会被告知，那纯粹是力比多的象征。这种道德指导好是好，我也严格遵守了，却毫无进展。对此，我比他更苦恼，可我能怎么办？……与其说是通过分析让我解脱，不如说是每天都在向我施加令人却步的新要求，要克服神经症，就必须做到——诸如，内倾以向内心全神贯注，做宗教冥想，怀着爱意与妻重修旧好，等等。几乎是个人力所不及的；其目的在于彻底改写个人的内在本质。离开分析时，我像个可怜的罪人，迫切想要赎罪，觉得前方有着最好的救赎，同时又无比泄气。他给的建议，哪个牧师都能给，但我究竟应该向谁去求索这份力量？"真的，这位病人还说，他曾听说必须先对过去和转移进行分析，却被告知，这种分析他已经做够了。既然这种要先做的分析并没有对他有更大的帮助，那么在我看来，似乎说明病人并没有做够。当然，后续的治疗——该疗法不再自称精神分析——并未带来好转。伯尔尼就在苏黎世左近，杜布瓦[1]在此以某种更为体贴的方式通过道德鼓励治疗神经症，苏黎世学

——————————

① 〔保罗·杜布瓦（Paul Dubois, 1848—1918），伯尔尼的神经病理学教授，20世纪初以其对神经症的"劝导"疗法著称。〕

派成员们到维也纳远走一遭竟只是为了止步于伯尔尼，简直匪夷所思①。

这场新运动与精神分析的水火不容当然还体现在：荣格对压抑的看法，这在他近来的著作里几乎不谈了；对梦的误解，与阿德勒类似［参见第 57 页］，完全无视梦心理学，将梦与隐含梦思混为一谈；对无意识理解力的全然丧失；简而言之，体现在所有我视作精神分析本质的点上。荣格说，乱伦情结只是"象征的"，并不"真实"存在，毕竟，未经开化之人对老丑妇人没有欲望，而是偏爱年轻漂亮的女人，听闻此言人们不免会推知："象征的""并不真实存在"的东西，鉴于其临床表现和致病作用，按精神分析的描述不过是"无意识地存在着"——这一描述解决了明显的矛盾之处。

只要记住，梦不同于加工过的隐含梦思，那么病人在治疗中梦到心心念念的东西，"生活任务"也好，"浅表的"也好，"深层的"也罢，根本不足为奇。实验中，梦可以由刺激产生，以类似的方式，被分析者的梦无疑是可引导的。梦中的部分材料的确可以人为决定；而梦的本质或机制不会因此改变。我也不相信所谓的"自传"梦会出现在

---

① 我知道，对引用病人的陈述有一些反对的声音，因此我要特地说明，这位消息人士值得信赖，非常具有判断力。他是主动告诉我这则消息的，我用这则信息也没征求他同意，因为我绝不容许精神分析技术享有医学的自由裁量权。

分析之外①。另一方面，只要去分析治疗开始前做的梦，或只要把梦者就治疗给他的提示所做的补充纳入考量，又或者不给他制定任何这样那样的任务，我们就可以确信，梦的目的和解决"生活任务"这一企图相去甚远。梦只是一种思维形式；若不参照梦思的内容，我们便永远无法理解这种形式；只有领会梦的加工，才能得出理解②。

关于荣格对精神分析的谬见和乖离，不难见到切实的反驳。任何得当的分析，尤其是对儿童的分析，都会强化精神分析理论得以立足的信念，进而对荣格和阿德勒体系的重新解释予以证伪。"开悟"之前，荣格自己都进行并发表了一例这样的儿童分析［1910b，上文第 31 页］③；至于他会不会借助另一种"对事实的单方面编排"——借用阿德勒对此的措辞［上文第 56 页］④——来对分析结果进行新的解释，尚待分晓。

认为梦和神经症"高级"思维中的性表象不过是一种古老的表达方式，肯定不符合如下事实：神经症中，这些性情结都是大量从现实生活运用中抽离的力比多的承载

---

① ［见《释梦》，标准版，第五卷，第 348 页。］
② ［关于本段的主题，弗洛伊德在《论释梦的理论和实践》（Remarks on the Theory and Practice of Dream-Interpretation, 1923c）第七部分有更大篇幅的讨论。也见 1925 年《释梦》第六章第九部分增加的脚注，标准版，第五卷，第 506—507 页。］
③ 【译注】本书第 101 页。
④ 【译注】本书第 132 页。

者。如果这仅仅是性"行话"的问题，那就不太可能改变力比多的经济布局。荣格本人也在 *Darstellung der psychoanalytischen Theorie*[1]［1913］一书中承认了这一点，而且将治疗的任务阐述为让力比多投注与这些情结分离。但这永远不可能通过引导病人远离情结、驱策病人升华来完成；只有通过详尽考察情结，使之完全、彻底进入意识才能实现。病人所须应对的第一个现实就是他的疾病。企图帮他免去这项任务，说明医生没有能力帮他克服阻抗，或者表明医生对工作结果怀有畏惧。

最后，也许可以说，通过对精神分析的"改良"，荣格为世人再造了一把著名的利希滕贝格刀（Lichtenberg knife)[2]。他为刀换了一叶新刃；但由于刀柄上刻的名字没变，他便指望人们将这把刀具当成原来那把。

我想我已经说清楚了，这门旨在取代精神分析的新学说反而是对精神分析的弃绝，是对精神分析的分裂。有些人可能会担心，对于分析，这次分裂注定比上一次影响更甚，毕竟其发起们在精神分析运动中举足轻重，且对推进精神分析运动卓有贡献。我并无此种担忧。

拥护强有力的思想，人就强大；一旦走到对立面，就会变得弱小。精神分析会挺过这次损失，会有新的追随者

---

[1]【译注】即《试论精神分析理论》（*Versuch einer Darstellung der psychoanalytischen Theorie*）。

[2]［这个妙词引用自弗洛伊德关于玩笑的书（1905c）第二章第八部分的脚注。］

取而代之。最后，对于那些觉得在精神分析这下界俗世过得不称心意的人，我只愿命运之神能给他们一条通往上界的坦途。至于我们其他人，我希望，大家在幽深之处的工作能够无所阻碍地贯彻到底。

1914 年 2 月

精神分析纲要

（1940〔1938〕）

英文版编者按

ABRISS DER PSYCHOANALYSE

(a) 德文版：

1940 *Int. Z. Psychoanal. Imago*, **25**(1), 7 – 67.

1941 *G. W.*, **17**, 63 – 138.

(b) 英译版：

An Outline of Psycho-Analysis

1940 *Int. J. Psycho-Anal.*, **21**(1), 27 – 82. (Tr. James Strachey.)

1949 London: Hogarth Press and Institute of Psycho-Analysis.

Pp. ix＋84. (Revised reprint of above in book form.)

1949 New York: Norton. Pp. 127. (Reprint of above.)

本版在 1949 年译本上有重大修订。

本文首次出版时，德文版和英文版中均有两大段摘录，出自弗洛伊德当时尚未完成的《精神分析基础课》（*Some Elementary Lessons in Psycho-Analysis*）（1940 [1938]）。德文版中作为第四章的脚注，英文版中则作为附录。不久后，作为摘录出处的讲稿片段就全文发表，因而本文后来的再版中略去了上述脚注和附录。

由于一个不幸的疏忽，德文《著作集》再版中遗漏了作者的《前言》，故而只好去 *Zeitschrift*① 中找。值得指出的是，《著作集》第 17 卷作为 *Schriften aus dem Nachlass*（遗作），是集子里最先出版的（1941），其扉页和装帧也都别具一格。

全文手稿异常简略。尤以第三章（《性功能的发展》[The Development of the Sexual Function)] 为甚，如定冠词、不定冠词以及许多主要动词的省略——因而可称之为一种电报体。德文版编辑告诉我们，他们扩展了那些缩略部分。尽管这个编辑过程略显随意，但大意没问题，因此不妨接受并翻译德文《著作集》收录的版本。

作者并未给本文第一部分标题。德文版编辑采用了"精神的性质"（The Nature of the Psychical），这是前文提到的当时尚未完稿的《精神分析基础课》中的一个小标题。本版则给出了一个更常规的标题。

---

① 【译注】即 *Internationale Zeitschrift für Psychoanalyse*（《国际精神分析杂志》）。

弗洛伊德何时开始写作《纲要》，存在一些争议。按照欧内斯特·琼斯的说法，"他是滞留维也纳期间开始写的"——应该是指 1938 年 4 月或 5 月。不过，手稿首页的日期却是"7 月 22 日"，这证实了德文版编辑的说法，即这部作品的写作始于 1938 年 7 月——也就是弗洛伊德 6 月初到达伦敦后不久。9 月初已经写了 63 页纸的《纲要》，当时他不得不经受一项重大手术，这项工作为之中断，而他也再没回头续写。尽管他很快又开写了另一篇说明文（《精神分析基础课》），但很快，这项工作也停下了。

因此，《纲要》必须被看作未完成的，却难以被视为不完整的。诚然，最后一章比其余章节更短，接下来可能会讨论负罪感等问题，尽管第六章已有涉及。总体来说，作者前言中所提出的计划似乎已经实施得相当好了，而弗洛伊德会在多大程度、朝着什么方向来推进这本书依旧耐人寻味。

在弗洛伊德诸多说明文中，《纲要》独具一格。其他说明文无一例外，旨在向业外公众解释精神分析，这些公众接触弗洛伊德论题的程度和类型各异，但总归相对"无知"。《纲要》则非如此。要清楚地认识到，此书并非面向初学者，更像是针对进阶学生的"复习课程"。文中处处流露着对读者的期望，除了期望他们了解弗洛伊德研究心理学的基本路径之外，还期望他们悉知极其细枝末节的理论和发现。例如，有几处简短涉及语词感受印象的记忆痕迹，对此，任何不熟悉《释梦》最后一章和探究"无意识"的元心理学论文结尾部分的人都会感到难以理解。此外，二三略及认同及其与被抛弃的爱的对象之间关系之处，多少暗合了《自我与它我》第三章的知识。深窥弗洛伊德著述堂奥之人会发现，这作为本书的尾声，极为精妙。他所涉猎的一切均迎来了新的曙光——最基本的理论也好，最详尽的临床观察也罢——全都以他的最新术语进行了讨论。有些地方甚至提示了整个新的发展方向，尤其是第八章后面部分，基于恋物癖，深入考察了自我劈裂及其对外部世界组分的否认。这一切表明，82岁高龄的弗洛伊德仍具惊世之才，堪使山重水复之题柳暗花明。其文笔简明通透之境界，可以说前所未有。全文收放自如，不难想见，这毕竟是大师对其所创思想做的最后陈词啊。

前　言

　　这部简短的作品旨在汇总精神分析的原则，并原原本本地、教科书般地——用最简洁的形式、最无歧义的术语——加以阐述。其目的自然不是迫使人信服。

　　精神分析的教学是基于无数的观察和经验，只有在自己和他人身上重复了此类观察的人，才足以对精神分析给出自己的评判。

第一部分

心灵及其活动

第一章　精神器官

精神分析有一个基本设想，对该设想的讨论仅限于哲学思考，其合理性则有赖于最终结果。关于所谓的心智（或精神生活），我们所知有二：一是其实体器官和活动场所，脑（或神经系统）；二是人们的意识活动，这是些直觉素材，无法用任何描述来进一步解释。我们对两者间的一切一无所知，这些素材也并未反映出我们知识的这两个端点之间有什么直接联系。就算有，也只不过可以给出意识过程的精确定位，对于理解这些过程毫无帮助。

我们有两个出自现有知识终点或起点的假设。其一关涉的是定位①。我们假定精神生活具有器官的功能，这一器官在空间中展开，并具有几个组成部分——试想一下，就

_____

① ［其二写在第 158 页］【译注】见本书第 167 页。

像一台望远镜或显微镜之类的。虽然相同的方向上有过一些先声，但一以贯之地制定这样的构想仍是科学上的创新。

通过研究人类个体发展，我们才得以获取关于这个精神器官的知识。我们把精神领域，或者说精神机构中最古老的部分命名为它我。它我包含遗传的、胎里带的、与生俱来的一切——那么，首先，就是本能。本能源自躯体组织，并以不为人知的形式在此处［它我中］得到最初的精神表达①。

在周遭真实外部世界的影响下，它我的一部分经历了某种特别的发展。从一种本来是皮质层的东西——可用以接收刺激，也可用作免受刺激的保护层——产生了一种作为它我和外部世界中介的特殊组织。我们把心灵的这一区块命名为自我。

以下是自我的一些主要特点。由于感知觉和肌肉活动之间既定的联系，自我具有受自身控制的自主运动，旨在自保。就外部事件而言，自我通过察觉刺激，通过（在记忆中）积累有关刺激的经验，通过（逃避）规避过强刺激，通过（适应）应对适度刺激，以及最终通过（活动）学会把外部世界切实改造得有利于自己，来完成这一自保任务。而至于内部事件，相较于它我，自我通过掌控本能的请求，通过决定这些本能是否被允许满足，通过将这一满

① 这一精神器官中最古老的部分在整个一生中都是最重要的；甚至，精神分析的探索也是开始于此。

— 155 —

足在外部世界中延迟至适当的时间和场合，或者通过完全压抑本能的兴奋，以完成自保。自我的活动是由刺激所产生的张力引起的，不论这张力出现在自我内部，还是被引入的。张力的升高通常被感受为不快，其降低则是快乐。但很可能，被感觉为快乐或不快的并非这一张力的绝对高度，而是其节律变化中的某种东西。自我追求快乐，避免不快。预见到不快增长，会伴有焦虑的信号；无论预兆来自外部还是内部，这种增长的情形都被视作危险。自我有时会放弃与外部世界的联系，并缩到对自身组织具有深远改变的睡眠状态。从睡眠状态可以推断，这种组织存在于特定的精神能量分布中。

漫长的童年里，成长中的人与父母相依为命，这在其自我中留下了一种沉淀，形成了一种特殊的机构，其中父母的影响根深蒂固。这一机构被称作超我。既然这个超我与自我有所不同或截然对立，那么它就构成了自我不可忽视的第三种力量。

如果自我的行动同时满足了它我、超我和现实的要求，也就是说，能够调和三者的要求，那么这一行动就是适当的。一追溯孩子对父母的态度，自我和超我之间关系的细节就变得完全可以理解了。当然，牵涉其中的父母影响不仅包括亲生父母的人格，还包括他们所传承的家庭、种族和国家传统，以及他们当前所代表的社会阶层的要求。同样地，超我在个人的发展过程中，也会从父母的后继者和替代者，如教师和公众生活的社会理想典范，那里吸取养分。可以观察到，它我和超我有着根本的不同，可有一点是相通的：两者都体现着过去的影响——它我体现遗传的影响，超我本质上体现的是从别人那里吸取的东西的影响——自我则主要由个人本身的经验，即由偶然和当下的事件所决定。

对精神器官的这一概略描述可能也适用于精神上与人类相似的高等动物。对人类来说，童年有很长一段时期的依赖关系，因此必须假定超我无处不在。自我和它我之间的区别是一条不可避免的假设。动物心理学还没有着手研究此处呈现的有趣问题。

第二章　本能理论

它我的力量表露了个人机体生命的真正目的，即满足与生俱来的需要。通过焦虑来维持自身生存或保护自身免受危险，这不是它我的目的，而是自我的任务。自我的任务在于，考虑外部世界的同时，寻求最有利的、最不危险的满足方式。超我可能会带来新的需要，但其主要功能仍在于限制满足。

我们假设，它我的需要所造成的张力背后有一种力量，可称之为本能。本能体现了躯体对心灵提出的请求。虽然本能是所有活动的终极原因，但它们具有一种恒常性；无论机体处于什么状态，一旦有所偏离，都会呈现重建这一状态的趋势。如此便可能区分出一些不定数目的本能，事实上，这在通常的实践中已经实现了。而对我们来说，重要的是能否将这为数众多的本能归结为几种基本本能。我们已经发现，本能可以改变自身的目标（通过移置），也可以相互替代——一种本能的能量传递给另一种本能。对于后一过程，现在的理解还不够充分。在长时间的犹豫和动摇之后，我们决定假设只存在两种基本的本能：爱若斯和破坏本能。（自保本能有别于物种延续本能，同样地，自我之爱有别于对象之爱，但都属于爱若斯。）第一种基本本能旨在建立更大的统一体，并加以维持——简言之，其目标是整合；第二种本能的目标恰恰相反，是要解除联系，从而摧毁事物。对于破坏本能，可以认为其终极目的是把生命导向无机状态。故也称死本能。如果我们假设生物的出现晚于死物，且脱胎于死物，那么死本能就符合我们提出的原则，即本能倾向于回归到更早的状态。至于爱若斯（或爱本能），这一原则就不适用了。要用，就得假设，生命体曾经是个统一体，后来被撕裂了，现在正竭力重新聚合①。

　　生物学功能上，这两种基本本能或相互对立，或相互

----

① 卓具创见的作家们早已想到了这类情形，但同样的东西还不曾从生命体的实际历史中得到了解。[在诸多著作中，弗洛伊德无疑对柏拉图的《会饮篇》有所青睐，他在《超越快乐原则》(*Beyond the Pleasure Principle*, 1920g, *Standard Ed.*, **18**, 57-8）中就在此思路上进行了引用，更早些时候也有提及，见《性学三论》第一篇（*Three Essays on the Theory of Sexuality*, 1905d, *Standard Ed.*, **7**, 136.）。]

结合。进食活动是旨在与对象合为一体的破坏，性活动则是为了实现最亲密结合的攻击。这两种基本本能同时且相互的对立活动，让整个生命现象纷繁复杂了起来。我们这两种基本本能可以由活物的范围类推到支配无机世界的一对力——引力和斥力[①]。

本能之间融合比例的变化会产生最明显的结果。过多的性攻击性会使一位爱侣变成性杀人犯，而攻击性因素的锐减则会使其变得害羞或性无能。

不可能把一种或另一种基本本能限定在心灵的某一区域。务必要视其为无处不在。我们可以设想一种初始状态，此时爱若斯的全部可用能量——以后我们将称之为"力比多"——还处于尚未分化的自我—它我中，而且可以用来中和同时存在的破坏倾向（我们还没有一个类似"力比多"的用以描述破坏本能能量的术语）。在后来的阶段，跟进力比多的变迁会变得相对容易，但跟进破坏本能，则会更难。

死本能只要是在内部运作，就会保持沉默；它只有作为破坏本能释放到外部时，才会引起人们的注意。似乎这

---

① 阿克拉加斯的哲学家恩培多克勒早已通晓关于基本力或基本本能的描述，而这仍在分析家之间激起了诸多反对。［弗洛伊德在其文章《可终结和不可终结的分析》（*Analysis Terminable and Interminable*，1937c）第六部分以一定的篇幅讨论了恩培多克勒及其理论。在其致爱因斯坦的公开信《为何战争》（*Why War?*，1933b，*Standard Ed.*，**22**. 209）以及《精神分析新论》 （*New Introductory Lectures*，1933a，*ibid.*，103）第三十二讲中都提到了物理学中起作用的这两种力。］

种释放对个体的保存至关重要；肌肉器官就是为此服务的。超我形成时，相当数量的攻击本能固着在了自我内部，并在那里自毁式地运作着。这是人类在文明发展道路上面临的健康危害之一。压制攻击性通常是不健康的，并且会导致疾病（自罚①）。一个怒气冲冲的人通常能够呈现受阻的攻击性往朝向自身的攻击性的转变：撕扯自己的头发或挥拳打自己的脸，尽管他显然更愿意将这份待遇加诸他人。任何情况下，总有一部分自毁存于内里；或许，直到力比多耗尽，或固着在有害方面，它才能成功杀死个体。因此，一般说来，可以猜想，个体死于其内在冲突，而物种一旦无法充分适应外部世界的变化，就会灭亡于与外部世界的斗争失败。

在它我和超我中，很难描述力比多的特性。对于力比多，我们所知的一切都与自我有关，其最初所有的可用份额都囤积在自我中。我们把这种状态称为绝对的、原初的自恋。它一直持续到自我开始将力比多投注于对象观念，将自恋力比多转化为对象力比多。整个生命历程中，自我都像个巨大的水库，力比多从这里向对象投注，之后又再次撤回，就像变形虫用伪足所做的行动那样②。只有一个

---

① ["*Kränkung*"字面意思是"使生病"。弗洛伊德在四十五年前关于癔症的一课上就用了这个词，包括其动词形式。见弗洛伊德，1893h, *Standard Ed.* 3, 37。]

② [此处及上文的讨论，见《自我与它我》（*The Ego and the Id*, 1923b, *Standard Ed.*, 19, 64-5.）。]

人完全坠入爱河时，力比多的主要份额才会转移到对象上，于是对象在某种程度上替代了自我。生活中，力比多的一个重要特征就是流动性，因此，它很容易从一个对象转向另一个。与之相对，力比多之于特定对象的固着往往终生不渝。

力比多无疑有着躯体源头，从身体的各个器官、各个部位流向自我。这一点，以就其目的而被称作性兴奋的那部分力比多为例，可以看得最清楚。身体产生这种力比多最显著的部位被称作"爱若区"，不过实际上整个身体都是这样的爱若区。我们对爱若斯的绝大部分了解——即关于其指标，力比多——都是通过对性功能的研究而获得的，其实就算不按我们的理论，而取通行观点，性功能仍是契合于爱若斯的。性驱力对人生注定有着至关重要的影响，它从以爱若区为代表的一系列本能组件逐步发展而来，而我们，描绘了这一发展道路。

第三章① 性功能的发展

依通行观点，人类性生活本质在于使自己的生殖器与异性的相接触。与之相伴的是一些附带现象和先导行为，即对这另一具身体的亲吻、流盼和爱抚。这般尝试始于青春期——性成熟的年纪——且以繁殖为目的。然而，某些

① ［在原版上有扩写。见前文编者按。］

— 161 —

已知事实并不严格符合这一观点。（1）值得注意的是，有些人只为同性和同性生殖器所吸引。（2）同样值得注意的是，有些人的欲望很像性欲，但完全漠视性器官或其一般用途；这类人被称为"性变态者"。（3）最后一点很令人惊讶，一些儿童很早就对自己的生殖器产生了兴趣，并表现出兴奋迹象（因此被认为是堕落的）。

可以认为，一定程度上立足于这三点被忽视事实的精神分析与所有关于性的流行观点相左，这引发了惊异和否认。精神分析的主要发现如下：

（a）性生活不单单始于青春期，而是出生后不久便开始有明显表现。

（b）有必要明确区分"性"和"生殖"的概念。前者更为宽泛，且包含许多与生殖无关的活动。

（c）性生活包括从身体区域获得快感的功能——这一功能后来服务于繁殖。两种功能往往无法完全重合。

第一个断言自然尤为令人瞩目，是所有断言中最出人意料的。我们已经发现，童年早期的一些身体活动迹象，只有凭借古板偏见才可否认其性意味，这些迹象又与后来成人性生活中的精神现象有关——例如对特定物体的固着，嫉妒，等等。我们进一步发现，这些显露于幼儿时期的现象是一个有序发展过程的组成部分，它们经历了一个规律的增长过程，在 5 岁末达到顶峰，之后则是一段间歇期。间歇期间，进展停滞不前，很多东西被忘却了，同时，有了许多倒退。这段潜伏期结束之后，顾名思义，性生活又随着青春期卷土重来；可以说是有了第二春。于是，我们了解到，性生活的攻势是二相的，除这两波攻势只见于人类且对"人化"大有干系以外，我们一无所知①。早期事件，除了一些残余，都成了幼儿遗忘现象的受害者，这一点并非无关紧要。因为，我们关于神经症病因学的看法和分析治疗的技术正是从这些构想中衍生来的；我们对这一早期发展过程的探究还为其他结论提供了依据。

自出生之日起，第一个作为爱若区向心灵提出力比多请求的器官，是嘴。起初，所有精神活动都集中为该区域的需要提供满足。当然，这种满足首先是出于借助食物以自保的目的；但生理不应与心理混为一谈。婴儿对吮吸的顽固坚持，早就坐实了对满足的需要，该需要尽管源于并受到食物的挑动，却仍试图获得与食物无关的快感，因此可以且应该将其称为性的。

在这个口欲期，随着牙齿渐渐长出，施虐冲动已偶有

---

① 参考了这一观点：人是一种5岁即达性成熟的哺乳动物的后裔，但该物种受到重大外部影响，以致性发展的直路中断。相对于动物的性生活，人类性生活中的其他转变都与此有关——例如对力比多周期的废除，以及两性关系中对生理期这一组件的利用。［此处涉及潜伏期和冰河期的观点最初是费伦齐多年前提出(1913)。弗洛伊德在《自我与它我》(*The Ego and the Id*, 1923b, *Standard Ed.*, **19**, 35)中对此进行了审慎的引用，而在《抑制、症状与焦虑》(*Inhibitions, Symptoms and Anxiety*, 1926d, *ibid.*, **20**, 155)中的引用就更驾轻就熟。对于性功能中周期性的暂停，弗洛伊德在《文明及其缺憾》(*Civilization and its Discontents*, 1930a, *ibid.*, **21**, 99 - 100 and 105 - 7)第四章的两处脚注中用了一定的篇幅来讨论。］

显现。其程度在第二时期——即我们所描述的施虐—肛门期——大大增强，因为该时期是通过攻击和排泄功能寻求满足。我们之所以将攻击囊括在力比多之下，是基于这样一种观点，即施虐是纯粹力比多和纯粹破坏驱力的本能融合，一种持续不断的融合①。

第三个时期即所谓的阳具期，可以说，它是性生活最终形式的先声，而且已经与之高度相似。要注意，这一阶段起作用的不是两性的生殖器，而仅仅是男性的（即阳具）。长期以来，女性生殖器一直不为人知：孩子试图理解性过程时，采信的是古老的泄殖腔理论——该理论有着发生学上的合理性②。

随着阳具期的发展，童年早期性欲到达顶点，又几近消散。自此，男孩和女孩有了不同的历史。孩子们都曾把智力活动用于性的研究探索；都以阴茎的普遍存在为前提。而现在，两性的道路出现了分歧。男孩进入俄狄浦斯期；开始摆弄自己的阴茎，同时幻想着用它与母亲进行某种活动，直到受阉割威胁和看到女性没有阴茎的综合影响而经历此生的最大创伤，这一创伤的后果便是潜伏期的到来。女孩尝试像男孩一样行事失败后，开始认识到自己没

① 问题在于，纯粹破坏本能冲动的满足是否可以被感受为快感，是否会有未掺杂任何力比多的纯粹破坏。就算受虐呈现着与施虐完全类同的融合，自我中死本能的满足也似乎并不会带来快感。

② 关于早期阴道兴奋的主张并不罕见。但实际上其中的关节可能在于阴蒂——一个类似于阴茎的器官——的兴奋。这并不妨碍我们把这一时期称为阳具期。

有阴茎，或者确切地说，认识到自己的阴蒂不行，这对其性格发展有着深远影响；由于竞争所带来的这第一次失望，女孩往往开始完全远离性生活。

如果认为这三个期轮廓分明地相互接续，那就错了。一个期和别的期可以同时出现；可以相互重叠，相互并列。各个期之初，不同的组分本能开始相互独立地追求快感；在阳具期，出现了一个组织，它开始让其他驱力以生殖器为第一优先，这也标志着追寻快感的一般驱力开始协同到性功能中。该组织直到青春期，即第四期，生殖器期，才得以完备。此时确立的情形是：（1）一些较早的力比多投注得以保留；（2）其他投注形式则作为预备、辅助行为被纳入性功能，其满足产生的就是所谓的前奏快感；（3）其他驱力被排除在该组织之外，或被完全压制（即压抑），或以另一种方式被运用到自我中，如形成性格特征，或者移置目标来进行升华。

这一进程并不总能完美运行。进程发展中的种种抑制，在性生活里可能表现为多种多样的失调。一旦有了这种情况，我们就会发现力比多对更早时期一些情形的各种固着，这些固着的驱力无关乎一般的性目的，被描述为性变态。比如，同性恋就是这种发展抑制得以显露的形式之一。分析表明，每例个案中，都有一种同性的对象纽带，而且大多数情况下都处于潜伏状态。一般来说，实现正常结果所需的过程并不完全在场或缺席，而是部分在场，因此最终结果仍然依赖于这些量的关系，这一事实使情况变得复杂起来。这些情况下，生殖器组织确实完成了，但它仍缺少部分力比多，这部分力比多没有与其他部分一起前进，而是仍然固着于前生殖的对象和目的。如果缺乏生殖器的满足，或在真实的外部世界遭遇困难，那么上述癖好就会在力比多折返其早先的前生殖器投注形式的趋势（退行）中显露无遗。

在研究性功能的过程中，我们第一次对两项发现有了初步确信，或者说有了隐约的感觉。这两项发现对我们整个领域将是至关重要。首先，我们观察到的正常和不正常表现（即主体的现象）需要从其动力学和经济学（在我们讨论的情形下，即从力比多量的分布的角度）来加以描述。其次，我们所研究病症的病因要到个体的发展史——也就是其早年生活中寻找。

第四章　精神的质

我已描绘了精神器官的结构及活跃其中的能量或力，还以一个突出的例子勾勒了这些能量（主要是力比多）如何将自己组织成一种生理功能，以服务于物种延续的目的。精神器官和这些能量是我们所谓精神生活的基础，然而，除开这个经验事实，再没有什么足以证明精神上的东西的特殊性了。现在，我将转向精神所独具的特点，而且，据普遍观点，该特点与精神的契合是排他性的。

本研究起始于一件无与伦比又难以解释或描述的事物——即意识。一旦有人谈到意识，我们立刻就能凭亲身经验而明白这是什么意思①。［心理］科学内外的许多人都满足于这样的假设，即意识就是精神；要是这样，心理学的工作就只剩在精神现象中区分知觉、感觉、思维过程和意志力了。不过，普遍认为，意识过程中并不具备本就完整无缺的序列；因此，除假设有与精神过程相伴的生理或躯体过程外，别无选择，而且，既然有些生理、躯体过程伴有意识过程，有些又没有，那我们就应当承认，生理、躯体过程比精神序列更加完整。果真如此，就当然可以把心理学的重点放在这些躯体过程，借它们来理解精神过程的真正本质，并寻找一些对意识过程的其他看法。然而，大多数哲学家和其他许多人都对此提出异议，并宣称，认为精神有些层面属于无意识是说不通的。

但这正是精神分析迫切要提出的，即精神分析的第二个基本假设［第 145 页］②。该假设将所谓的躯体附带现象解释为真正的精神现象，这样一来，首先就无视了意识的质。无独有偶，一些思想家（如，西奥多·里普斯［Theodor

---

① 有一种极端的想法，以美国行为主义学说为代表，认为可以建立一种无视这一事物的心理学！

② 【译注】本书第 154 页。

— 167 —

Lipps〕①）早已用同样的话提出了同样的东西；对"什么是精神"的通行看法的普遍不满，导致了越来越迫切的要求，即把无意识这一概念纳入心理学思想，尽管这种要求所采取的形式如此不确定、如此模糊，以至于可能不会对科学产生任何影响②。

现在，精神分析和哲学之间的这场争论涉及的看似只是个微不足道的定义问题——即"精神"这个名称应该用于这个还是那个现象序列，但最重要的就是这一步。意识心理学从未超越过明显依赖于其他东西的不完整序列，另一种观点则认为，精神本身是无意识的，该观点使心理学可能取得其他自然科学一样的地位。心理学所涉及的过程本身和其他科学，如化学、物理，所处理的过程一样是不可知的；但人们能够确立它们所遵循的法则，并探求这些法则之间颠扑不破的相互依存、相互关系——简而言之，就是能对所讨论的自然现象领域达成所谓的"理解"。要实现此种理解，非提出新假设、创造新概念不可；而这些假设、概念非但不应被当作我们窘境的铁证而遭轻视，反而应当将其视为对科学的充实。它们可与其他自然科学中的知识框架等量齐观，我们期待，随着经验的进一步积累和细分，它们能得到修改、订正以及更精确的限定。因

---

① 〔弗洛伊德在其关于玩笑的书的前言里（1905c, *Standard Ed.*, **8**, 4 - 5）提及了里普斯（1851—1914）及其与自己的关系。〕
② 〔本文于 1940 年初次发表时，此处有一条德文长注。见编者按。〕

此，就算新科学的基本概念和原则（本能、神经能量等）在相当长时间里仍像旧科学的概念和原则（力、质量、引力等）一样含混不清，也属意料之中。

任何科学都建立在通过精神器官所获的观察和经验之上。但我们的科学，研究题材就是这个器官本身，如此一来，类比就行不通了。我们仍然通过同一套知觉器官进行观察，尤其是借助"精神"事件序列的断裂：要填补遗漏的部分，我们得作出坚实有据的推论进而将其转化为意识材料。这样一来，就构建出了一个与无意识精神过程互补的意识事件序列。我们的精神科学的相对确定性正是基于这些推论的约束力。任何对我们工作有深入了解的人都会发现，我们的技术经得起任何批评。

在这项工作中，一些区分，也就是所谓精神的质，凸显了出来。所谓的"意识"就没有必要描述了：它与哲学家和日常观点中的意识一样。所有其他精神，在我们看来，都是"无意识"。接下来，我们得对这个无意识进行重要划分。有些过程很容易成为意识；后来它们可能退出意识，但可以毫不费力地再次进入意识：就像人们所说的，可以得到复现或回忆。这提醒我们，意识通常处于十分飘忽不定的状态。意识之为意识是一时的。就算我们的知觉不能证实这一点，这个矛盾也只是浮于表面的；因为，导致知觉的刺激可能会持续相当长一段时间，那么在此期间，对刺激的知觉可能会重复。关于思维过程的意识知觉的情形也就清楚了：思维过程可能会持续一段时间，但也可能一闪而过。那么，所有如此表现的，易从无意识状态转换为意识状态的无意识，最好因此被描述为"能够成为意识的"，或者叫作前意识。根据经验，尽管，按我们所说，精神过程通常会设法涌入意识，但几乎没有一个精神过程能总保持在前意识，再复杂的精神过程都不能。还有一些别的精神过程和精神材料不那么容易成为意识，只能通过上文描述的方式推断、认识和转化为意识。对于这样的材料，我们保留无意识这一名称。

于是，我们认为精神过程有三种质：要么是意识的，要么是前意识的，要么是无意识的。具有这三种质的材料之间的区分既非绝对，也非一成不变。如我们所见，无须帮助，前意识材料就可变为意识；经过我们的努力，无意识材料可以转为意识，这一过程中，我们可能会时常感到面临非常强的阻抗。当我们试图对别人这样做时，不要忘了，其知觉沟的意识填充——我们试图让他做的建构——并不意味着我们已经让他的相关无意识材料进入意识。现今可以确定的是，他所具有的材料有两种记录①，一种在

---

① ［此处被译为"记录"的德文词"fixierung"（【译注】固定、定影、固着等），所取的正是《释梦》（*The Interpretation of Dreams*，1900a，*S.E.*，**5**，539）第七章 B 部分中的意思。弗洛伊德在别处用的是 *Niederschrift* 一词——例如《论无意识》（*The Unconscious*，1915e，*Standard Ed.*，**14**，174）以及早至 1896 年 12 月 6 日与弗利斯的通信（Freud 1950a，Letter 52）中——这里译作 registration（【译注】登记、注册等）。可能还要指出，弗洛伊德前不久写成的《摩西与一神教》（Moses and Monotheism，1939a）中，好几次用"Fixierung"一词来描述对传统的记录。］

于他得以给出的意识重构，此外，还在于他最初的无意识状态。我们的持续努力往往能让他成功意识到自己的无意识材料，这样一来，两种记录便相互重合了。对于不同个案，我们所需付出努力的大小因人而异，可以由此来估量阻止材料变为意识的阻抗。例如，分析治疗中，我们努力的成果也可自发出现：通常情况下处于无意识的材料有时可以让自己转入前意识，然后变成意识——这多发于精神病状态。由此可以推断，维持一定的内在阻抗是保持正常的必要条件。这类伴有无意识突冒的阻抗松懈，规律地发生在睡眠状态，并为梦的形成创造了条件。相反，前意识材料可能会暂时变得不可触及，并被阻抗拦截，比如暂时遗忘某事、暂时想不起某事；前意识观念甚至会暂时退回无意识状态，这似乎是"玩笑"的前提。要注意到，前意识材料或过程向无意识状态的这类转化，是神经症障碍的重大诱因。

像这样简单而泛化地阐述精神三质理论，似乎只会带来无尽的混淆，丝毫无助于澄清。但不要忘了，三质理论其实算不得理论，充其量是对我们观察的初步盘点，紧贴事实，而不试图加以解释，其中所揭示的复杂性或将使我们的研究必须克服的特殊问题更加突出。不过可以认为，一旦厘清精神三质与前文提出的精神器官各区块之间的关系——尽管这些关系远谈不上简单——便可更加逼近对该理论本身的理解。

事物变为意识的过程首先系于感觉器官从外部世界所获的知觉。因此，从地形学①的观点来看，这是一种发生在自我最外皮层的现象。诚然，我们也从身体内部接收意识信息——即感觉，实际上，内部感觉对精神生活产生的影响比外部知觉更具决定性；此外，某些情况下，感觉器官除感知特异感觉外，还传递自身的感觉、痛感。但既然这些感受（如此称呼是为了与意识的知觉相对照）也来自末端器官②，而且我们认为所有这些感受都是自我皮层的延伸或分支，那么就仍可坚持上文［本段开头］的主张。唯一的区别是，就感觉、感受的末端器官而言，身体本身就可以算作外部世界。

　　自我的外围，是意识过程，其余部分，是无意识——这大概是我们所要描绘的东西的最简状态。事实上，这大概是动物的普遍状态。而人类则更具复杂性，基于此，自我的内部过程也可以获得意识的质。这便是言语功能所发挥的作用，它使自我中的材料与视知觉，特别是听知觉的记忆残余建立起稳固连接。于是，皮层的知觉外围便可从内部得到更大程度的兴奋，内部事件，如观念和思维过程的流动，便可成为意识。那么就需要一种特殊方法——即

---

① 【译注】类比地形划分，弗洛伊德对心灵系统作了无意识、前意识、意识三分（第一地形学，1900），它我、自我、超我三分（第二地形学，1923）。
② 【译注】末端器官，即被囊神经末梢，感觉神经末梢的一种形式，也属于本段提及的感觉器官。

所谓的现实检验——来区分内外两种可能性。"知觉＝现实（外部世界）"这一等式不再成立。各种谬误，这在梦中经常容易出现，可以称为幻觉。

自我内部具有前意识的质，其中主要包括思维过程。该特性属于且仅属于自我。然而，认为与语音记忆残余的联系是前意识状态的必要前提是不对的。相反，前意识状态并不依赖此种联系，尽管该联系的存在有助于断定一个过程是否具有前意识的性质。虽然前意识状态既能接触到意识，又有与言语残余的联系，但它很特殊，前面两个特性并不足以穷尽其性质。这么说的根据在于，自我的很大一部分，确切来说，超我，不可否认地具有前意识的特性，但在现象学意义上，又基本上是无意识的。我们并不知道为什么一定如此。现在我们将试着攻克前意识真实属性的问题。

它我中占据上风的质是无意识。它我和无意识就像自我和前意识一样紧密相连：事实上，前两者之间的关联甚至更具排他性。如果回顾一个人及其精神器官的发展历史，我们就能觉察到它我的一个重要特点。最初，可以肯定，一切皆它我；在外部世界的持续影响下，自我从它我中发展了出来。这个缓慢的发展过程中，它我某些内容被转化为前意识状态，从而进入自我；其他内容则作为难以触及的核心，在它我中保持不变。然而，这一发展过程中，年轻而虚弱的自我将一些已吸收的材料重新推回无意识状态，丢掉了它们，并以同样的方式对一些本可能吸收的新印象采取同样的行动，如此，这些被丢弃的材料便仅在它我中留下痕迹。鉴于这一由来，我们把它我的后来部分称作被压抑物。我们并不总能为它我中这两类内容划定清晰界线，也不甚必要。两类内容大约符合这样的区分：一类是与生俱来的，一类是自我发展过程中获得的。

决定将精神器官按地形学解剖成自我和它我——与之并行的是前意识和无意识之间质的差别——同时认定只应把这种质看作区别的指标而非精神器官的本质之后，进一步的问题摆在了我们面前。问题大约是这样的：有这样一种状态，其在它我中呈现的质为无意识，在自我中呈现的质为前意识，其真正性质如何？上述两者的区别何在？

我们对此一无所知。我们幽暗的无知深处几乎不曾闪过卓识的星火。而在这里，我们迫近了精神本性那层层裹缚的秘密。循着其他自然科学的引领，我们假设，精神生活中，有某种能量在起作用；但我们无法借助其他形式的能量，以类比的方式对此有进一步了解。在我们看来，神经或精神能量表现为两种形式，一种是自由流动的，另一种是受到限制的；我们谈过精神材料的投注和过度投注，甚至大胆地假设，过度投注导致了一种不同过程的形成——这一过程中，自由能量被转化成受限能量。再往下，我们还没有进展。无论如何，我们坚持认为，无意识和前意识状态之间的区别就在于这种动态关系，它可以解

— 174 —

释为什么无论是自发还是在我们的帮助下，一种状态总能变成另一种状态。

然而，所有这些不确定性背后，隐藏着一个新的事实，其发现当归功于精神分析研究。我们已经发现，无意识或它我中的过程遵循与前意识自我中不同的法则。我们把这些法则统称为原发过程，与之相对的是继发过程，后者在前意识、自我中支配事件。那么，说到底，对精神的质的研究并不是徒劳无功的。

第五章　以释梦为例

正常、稳定状态下，阻抗（反投注）在自我的边界防范它我，山河稳固；同时，超我也不会从自我分化出来，毕竟两者协作无碍——那么对这种状态的研究于我们裨益甚微。有助于我们研究的，恰恰是冲突、扰动的状态，此时无意识它我的内容试图闯入自我、闯入意识，自我则再次对这种侵扰展开防御。只有这样，才能进行观察，以确认和修正我们关于这对搭档的陈述。人们每晚的睡眠正是这种状态，因此，睡眠期间的精神活动——人们把它感知为梦——是最合适的研究对象。这样一来，我们也规避了老生常谈的指责，说我们把对正常精神生活的理解建立在病理发现之上；毕竟，梦，无论呈现得多么不同于醒时的生活，都终归是正常人生活中的常规事件。众所周知，梦有时错综复杂，莫名其妙，甚至完全是无稽之谈，其所表现的可能与我们对现实所了解的相矛盾；既然做梦时我们会认为梦源自客观现实，那么在梦中，我们的举止简直就像疯子。

醒后忆及的梦并非真正梦的过程，而只是一个外观，梦的过程就隐于其后，通过这一假设，我们获得了理解（"解释"）梦的途径。其中我们区分了梦的外显内容和隐含梦思。基于隐含梦思创作外显内容的过程被称为梦的加工。关于梦的加工的研究就是一个绝佳的例子，它告诉我们，它我（原始的无意识和被压抑的无意识两者）中的无意识材料如何闯入自我，成为前意识；由于自我的反抗，无意识材料经过了一些变化，我们称之为梦的变形。梦的所有特征都能按这条思路来解释。

首先要指出，梦的形成可由两种不同方式激起。要么是平时被压抑的本能冲动（无意识愿望）在睡眠中获得了足以被自我觉察的强度；要么是某种醒时生活遗留的驱力，某种带有各种冲突的前意识思绪，在睡眠中获得了无意识元素的强化。简而言之，梦可能出自它我，也可能出于自我。两种情况下，梦的形成的机制和必要动力前提是相同的。自我有时会失灵，并允许事物退回早期状态，这表明自我是从它我衍生而来。合乎逻辑的原因是，自我切断了与外部世界的关系，并从感觉器官撤回了投注。完全可以说，回归一去不返的子宫内生活的本能——睡眠的本能——是与生俱来的。睡眠就是向子宫的回归。既然清醒的自我支配着运动能力，那睡眠中，这一功能就失效了，相应地，诸多施加于无意识它我的抑制变得多余。因此，"反投注"的撤销或减少，让它我获得了一定程度的自由，不致有害的自由。

无意识它我参与梦的形成的证据丰富而确凿。（*a*）梦中的记忆远比醒时更易理解。梦唤起了梦者遗忘的，醒时不可触及的回忆。（*b*）梦不加限制地运用意义大都不为梦者所知的语言符号。而分析经验使我们能够确定其意义。这些语言符号可能源自言语发展的早期阶段。（*c*）梦中，记忆常常再现梦者童年早期的印象，可以肯定，这些印象不仅被遗忘，而且由于压抑，变成了无意识。这就解释了为何梦在我们对神经症进行分析治疗以重构梦者早期生活的尝试中具有——通常是不可或缺的——作用。（*d*）甚至，梦所呈现的有些材料既不可能来自梦者的成年生活，也不可能来自其遗忘的童年。我们必须将其看作孩子与生俱来的，受祖先经历影响，先于个体经验的古老遗产。最早的人类传说和现存习俗中，可以找到相应的种系发生材料。因此，梦成了人类前史不容忽视的原始资料。

而梦之所以是让我们获得洞见的无价之宝，是因为，无意识进入自我时，还捎上了自己的工作模式。这意味着，梦的加工中，无意识从中得以表达的前意识思维仿佛被当作它我的无意识组分对待；梦的另一种形成方式里，从无意识本能冲动获得强化的前意识思维则降至无意识状态。只有这样，我们才能了解支配无意识事件流转的法则，以及其与清醒思维中人们熟知的法则有何不同。那么，梦的加工本质上是无意识对前意识思维过程的一种加工。打一个历史学比方：外来统治者不是依据当地现行司法体制，而是依据自己的制度来统治被征服国家。但毫无疑问，梦的加工的结果是一种妥协。自我组织并未失灵，其影响会体现在对无意识材料的变形，以及一些通常不太有效的尝试上，试图给整个结果赋予一种自我勉强可以接受的形式（次级润饰）。按照我们的比方，这算是战败民族继续抵抗的表现。

下面展现的无意识事件流转法则相当引人瞩目，且足以解释梦的大部分怪异之处。首先是显著的凝缩倾向，一种把清醒思维中必当保持分离的元素统合为一体的倾向。结果就是，显梦中的单个元素往往代表着全部隐含梦思，仿佛是对全部隐含梦思的综合指涉；一般而言，较其源头材料之丰富，显梦的界域其实相当狭小。梦的加工的另一特点与前述特点不无关系，那就是精神强度①（投注）易从一个元素移置到另一元素，因此通常来说：梦思里微不足道的元素在显梦中最为清晰，相应地，也最为重要，反

① ［弗洛伊德早期通常将此术语用作精神能量的同义词。见编者为第一篇关于防御型神经精神病的论文（1894*a*, *Standard Ed.*，**3**, 66 - 7）作的附录；亦见于弗洛伊德在讨论"女性性欲"的论文（1931*b*, ibid.，**21**, 242 - 3）结尾处的脚注。］

之亦然，梦思的关键元素在显梦里只不过略有涉及。此外，一般来说，两类元素间有着无关紧要的共通素材，这种共通素材足以让梦的加工在接下来的运行中用一类元素取代另一类。不难想象，凝缩、移置的机制会大大增加释梦和揭示显梦与隐含梦思之间关系的难度。鉴于存在凝缩和移置两种倾向，我们的理论有了以下推测：无意识它我中，能量处于自由流动状态，而且，相比于任何其他因素，它我更看重卸载大量兴奋的可能性①；我们的理论正是利用了这两点特性来界定属于它我的原发过程。

对梦的加工的研究表明，无意识中的过程还有许多别的显著特征，但这里我们只谈其中几个。素有支配地位的逻辑规则在无意识中轻于鸿毛，故无意识可以称作"无逻辑之国"。与目标相左的驱力在无意中比肩存在，而无需任何协调。这些驱力要么相互没有任何影响，要么就算有相互影响也不会有什么结果，最多不过达成某种荒谬的、包含诸多不相容细节的妥协。于是，对立面不是彼此分开，而是被等而视之，因此，显梦中任何元素都可能具有与之相反的意义。一些语文学家发现，这一点也适用于大多数古代语言，即相反的词——如"强—弱""明—暗"

---

① 类似的情形也见于毫无头衔的士兵，受长官训斥时默不作声，但会把火气撒到接下来碰到的第一个无辜者身上。〔它我对卸载兴奋量的这种坚持类似于弗洛伊德在其1895年《大纲》（第一部分，第一节）中以近乎神经学的术语所描述的神经活动第一要义："神经元倾向于让自己把量卸尽。"（1950a, Standard Ed., 1.）〕

"高—深"——起初由相同词根表达，直到原词经过不同修饰而对两种意思进行区分。甚至拉丁语这样高度成熟的语言中，也保有这种早期双重含义的残迹，比如"*altus*"（"高"和"深"）和"*sacer*"（"神圣"和"污秽"）之类的用法［参见 121 页①］。

鉴于显梦与其背后隐含内容之间关系的复杂性和模糊性，人们当然有理由问，究竟如何才能从一者推出另一者？我们所要做的一切是否为一种——兴许靠翻译显梦中浮现的符号——侥幸猜测？可以这样回答，绝大多数情况下，问题都能圆满解决，但必须借助梦者本人对于外显内容中的元素给出的联想。任何其他程序都是任意武断的，且得不出确定结果。但梦者的联想可揭示一些中间环节，我们可以将这些中间环节嵌入两者之间［外显内容和隐含内容之间］的空隙，并借助这些环节复原梦的隐含内容并对其进行"解释"。就算这种解释工作［梦的加工的逆向活动］偶尔不能达成完全的确定性，也不足为奇。

接下来还得给出一个动力学的解释，那就是，为何睡眠中的自我承担了梦的加工的全部任务。幸好，这很容易解释。借助无意识，形成中的每一个梦都向自我提出了请求——若梦源于它我，则是为了满足本能；若梦源于清醒生活的前意识活动残余，便是为了解决冲突、消除疑虑或

---

① 【译注】《摩西与一神教》（*Moses and Monotheism*, 1939a, *Standard Ed.*, **23**.）。

形成意图。然而，睡眠中的自我专注于维持睡眠这一愿望；认为梦的请求是一种干扰，并试图摆脱这种干扰。通过某种看似顺从的活动，自我成功做到了这一点：以一种当下无害的愿望的实现应付请求，从而摆脱困扰。将请求置换为愿望的实现，是梦的加工的基本职责。要阐明这一点，或许以下三个简单例子值得一提：饥饿的梦，图方便的梦，以及性欲所激起的梦。梦者睡觉时，感到对食物的需要，他便梦到一顿美餐，同时继续睡觉。当然，起床吃点东西，或者继续睡觉，完全取决于他自己。他选定了后者，并通过梦来满足饥饿——但无论如何，都是暂时的，因为如果一直饿着，他就不得不醒来。接着是第二个例子。一个睡着的人必须醒来，才能及时到医院上班。但他睡过去了，还做了个梦，梦见自己已经在医院了——不过是作为病人，无须起床。还有，夜间，某种欲望活跃了起来，想要享有禁忌的性对象，比如朋友妻。梦者梦到性交——事实上，并不是和朋友妻本人，而是和某个无关紧要的同名者；或者，他转而在自己情妇那里偷偷发泄这份情欲的挣扎。

当然，每一个案例都不是那么简单。尤其是有些梦，它们源自一些未处理的前日残余，这些残余只有睡眠状态才会得到无意识的强化，要发现无意识的动力及其愿望的实现并非易事；但我们可以假定，总能找得到。梦是愿望的实现，这一命题很容易招致怀疑，因为可以想见，许多梦都带有令人苦恼的内容，甚至会让梦者在焦虑中惊醒，何况还有许多梦基调不明。但焦虑的梦并不足以支撑对精神分析的反对。不要忘了，梦，向来是冲突的产物，具有某种妥协而来的结构。因此，无意识它我的满足本来就会引起自我的焦虑。

梦的加工进行过程中，有时是无意识更成功地往前推进，有时是自我以更大的能量来进行防御。焦虑的梦大都是内容变形最少的梦。一旦无意识提出的请求对自我来说太过强烈，以致无法自如回避，自我就会放弃睡眠的愿望而清醒过来。梦向来都企图通过愿望的满足来摆脱对睡眠的搅扰，从而成了睡眠的守护者——要这么说，我们就得把各种经验都纳入考虑。这一企图有时会完全成功；也会失败，这时梦者就会醒来，且显然是被梦唤醒的。就好比一位守护村民睡眠的杰出守夜人，有些情况下，他别无选择，只能敲响警钟，唤醒沉睡的村民。

我以一条评论来结束讨论，这将证明我在释梦问题上花费的巨量时间是值得的：经验表明，对梦的加工的研究凸显了无意识的机制，阐释了梦的形成，也有助于我们理解神经症和精神病中那些引人瞩目的疑难症状。该问题与各领域的这种契合令我们不能不对其寄予厚望。

第二部分

实践任务

第六章　精神分析的技术

梦，有着精神病的各种荒诞、妄想和幻觉，故而就是一种精神病。一种短暂、无害，甚至有益的精神病，它在主体的许可下出现，又在主体的意志下终止。尽管这是一种精神病，然而我们从中了解到，精神生活即便遭受此等深重变迁，也可复原，进而让位于正常功能。不过，指望精神生活中那可怕的自发疾病能受我们影响并得到治愈，是不是太大胆了呢？

对于这项任务，我们已经掌握了一些初步情况。根据我们的假设，自我的任务在于回应由它——与现实、它我、超我——的三种相互依存的关系所提出的请求，但与此同时，还要维护自身的组织，保持自我的自主性。此处所讨论病理状态的前提只能是自我相对或绝对弱化，以致无法完成任务。自我所接收的最严峻请求可能是对它我本能的压制，要做到这一点，就不得不在反投注上维持大量能耗。但这种由超我提出的请求有时可能过于激烈、过于严苛，从而使得自我在面对其他任务时陷入瘫痪。可想而知，此时的经济冲突中，自我试图稳抓现实，以保持正常状态，而它我和超我往往携起手来向自我步步紧逼。这两者如果变得过于强大，就能成功地松动和改变自我的组织，从而扰乱甚至终结自我与现实的关系。我们已经知道，梦中上演的正是此情此景：自我一旦脱离外部世界的现实，便会在内部世界的影响下滑向精神病。

我们的治疗计划就是基于这些发现。自我被内在冲突弱化，亟须我们帮助。这就好比一场内战，要有外来盟友的援手方可一决胜负。分析医师和病人那虚弱的自我必须结成一派，以外部世界现实为基础，携手抗击它我的本能请求和超我的良知请求。我们和病人相互缔约。患病的自我承诺做到最彻底的坦诚——承诺将自我感知到的一切材料任我们处置；我们则向病人保证，怀着至高的严谨审慎，带着解释受无意识影响的材料的经验，为他服务。我们的知识是为了弥补病人的无知，并让他的自我重新统治精神生活的失地。这份协约构成了分析情境。

一开始履约，失望就随之而来，首当其冲的就是我们的过度自信。病人的自我如果要成为我们共同工作的可靠盟友，哪怕敌人极力施压，都必须在一定程度上与我们保持一致，并保持一定的对外部现实的理解。但这不会是对精神病自我的期望；它无法遵守这样的协约，事实上也几乎无法缔结协约。它很快就会把我们以及我们提供的帮助扫地出门，并把我们划入对它来说不再有任何意义的外部世界。由此我们发现，必须放弃在精神病人身上尝试我们的治疗方案——或许永远放弃，又或许只是暂时放弃，直到找出更适合他们的方案。

不过，还有另一种心理疾患，与精神病非常相似——那就是大量深受神经症折磨的人。神经症的决定因素和病理机制肯定与之相同，或者至少非常相似。不过事实证明，神经症的自我更具抵抗力，且瓦解程度更低。其中许多人，尽管饱经疾病和不济之苦，仍能在现实生活中勉力维持。这些神经症患者可能会表示愿意接受我们的帮助。我们姑且把兴趣局限在他们身上，看看我们能如何以及在多大程度上"治愈"他们。

于是我们和神经症患者订立协约：一方全然坦诚，另一方严谨审慎。看起来我们好像只是在扮演一位聆听告解的俗家神父。但其实不然，因为我们希望从病人那里听到的，不只是他知道的，向其他人隐瞒的；他也要向我们说出连自己都不知道的东西。所以，对于我们所说的"坦诚"，要给病人一个更详细的说明。得让他保证遵守分析的基本规则，因为这项基本规则指导着他那指向我们的行为。他不仅应该跟我们说那些能心甘情愿说出的，像告解一样令他如释重负的东西，还应该说出经由内观显现的一切，浮现于脑海的一切，就算令人难以启齿，就算看似无关紧要、甚至荒诞无稽，也应该告诉我们。如果这条指令能让他顺利停止自我批评，那么他将带给我们大量——思想、观念、回忆——已经受到无意识影响的材料，这些材料基本都是无意识的直接衍生物，能够让我们对被压抑的无意识材料进行推测，以及让病人的自我对其无意识的了解在我们所给出的信息下得到扩展。

病人的自我被动、顺从地发挥作用，带来我们所需的材料，并相信和接受我们对材料的解释——但事实远非如此。状况时有发生，有些可能可以预见，但另一些肯定会出乎我们意料。最值得指出的是下面这点：分析家的劳神费力是要收取报酬的，而且分析家自己可能就满足于充当险峰攀登向导之类的角色，可现实中，病人并不满足于把分析家看作帮手和顾问。相反，病人会在分析家身上看到童年或过去某位重要人物的回归和化身，从而把本来指向该原型的感受和反应转移到分析家身上。很快，事实就证明转移有着意想不到的重要性，一方面，它是无可替代的工具，另一方面，又是某些重大危险的根源。这种转移是矛盾的：它包括对分析家的正面（温情）和负面（敌视）态度，通常会把分析家置于双亲某一方，即父亲或母亲的位置。转移只要是正面的，我们用起来就很顺手。它会改变整个分析情境；会把病人那恢复健康、摆脱病痛的理性目标推到一边。取而代之的是取悦分析家，赢得分析家的掌声和爱的目标。转移成了病人合作的真正动力；其脆弱的自我变得强大；在转移的影响下，病人能做到自己通常做不到的事情；其症状得以消除，他也似乎已经——为了分析家——康复了。而分析家可能会羞于承认，因为自己在经手这项困难任务时，根本不具备什么超能力。

此外，转移还带来了两点进一步的好处。如果病人把分析家放在父亲（或母亲）的位置，那么他就给了分析家一种权力，超我对自我行使的那种权力，毕竟，如我们所知，超我的来源正是父母。现在，这个新超我有机会对这位神经症进行某种再教育；从而纠正父母教育他时遗留的错误。但在这一点上，必须警惕新影响的滥用。分析家无论多想成为别人的老师、榜样、典范，甚至照着自己的形象造人①，都不应忘记，这并非他在分析关系中的任务，而且，分析家一任随心所欲，不啻是对自己任务的背叛。分析家如果这样做了，就只会重蹈父母以自身影响力压制孩子独立性的覆辙，只会是用新的依赖取代早先的依赖。想要改善和教育病人，分析家就得尊重病人的个性。分析家所能合理施加的影响力大小，取决于病人的发展受阻程度。一些神经症患者停留在非常幼稚的阶段，所以在分析中，只能把他们视作孩童。

转移的另一个好处就是，病人会在转移中以一种做作

① 【译注】《圣经·创世纪》1：27："神就照着自己的形象造人。"

的清晰感在我们面前讲述其人生历史的重要部分，不然的话，他可能只会给我们一个不充分的表述，当着我们的面把这些历史演出来，而不是述说出来。

接下来就要谈转移情境的另一面了。既然转移重现了病人与父母的关系，那它也会接手这一关系中的矛盾情感。病人对分析家的积极态度在某天转为消极，转为敌视，几乎是不可避免的。这基本也是对过去的重复。他对父亲（如果谈话涉及的是父亲）的顺从和讨好，是源自朝向父亲的爱若愿望。总有一天，这类请求会在转移中得到凸显，并坚持要得到满足。而在分析情境下，该请求只会遭遇挫折。病人和分析家之间绝不可能有真的性关系，即便更微妙的满足，像表示偏爱、透露隐私等，分析家也是很少给出的。这种拒绝成了转变的诱因；也许病人童年时也经历过同样的事。

正面转移支配下产生的成功治疗很容易被质疑具有暗示的性质。一旦负面转移占据上风，治疗的成功便烟消云散。我们会惊觉，先前的辛苦和操劳已属徒劳。我们以为的稳固智性收获，像病人对精神分析的理解啊，对精神分析功效的依赖啊，都顷刻间化为乌有。他像孩子一样行动，没有自己的判断力，盲目信赖任何一个他爱的人，且不信任何陌生人。这类转移的危险之处显然在于，病人误解了转移的本质，把转移当成了新近的现实经验，而非过去经验的回响。如果他（或她）觉察到正面转移背后隐藏的强烈爱若欲望，就会认为自己激情满满地坠入了爱河；一旦转移发生反转，他就会感到受辱，感到被忽视，就会恨分析家如仇敌，并随时准备放弃分析。这两种极端情况下，他都忘记了自己在治疗开始时缔结的协约，它对于继续我们的共同工作已成了废纸一张。分析家的工作就是不断将病人从他的可怕错觉中拉出来，并一次又一次地向他表明，他所认为的新近现实生活其实是过去的回响。为了避免他陷入不接受任何证据的状态，分析家要切记，不可让爱或敌意到达极端。这就需要他为这些可能性及时做好准备，而不是在它们崭露头角时予以忽视。在这些方面谨慎处理转移，通常会收效颇丰。如果成功地让病人了解到转移的本质，就像我们通常做到的那样，那么我们就可以从他的阻抗手中缴下武器，从而转危为机。因为病人绝不会再次忘记以转移的形式所经历的一切；这比他通过别的途径所能获得的任何东西都更值得确信。

我们最不希望的是，病人不是勉力回忆而是在转移之外付诸行动。对我们来说，理想的状况是，他在治疗之外能尽量表现得一切如常，在转移中才来表达他的异常反应。

我们用来强化被削弱自我的方法，起点在于扩展自我的自知范围。这当然并非全部，而仅仅是第一步。丧失自知，对自我来说意味着放弃权力和影响力；这是自我被它我和超我的请求所牵制、所妨碍的首要标志。相应地，我们首先要提供的帮助是我们的智性工作，并鼓励病人予以合作。正如我们所知，这种活动是在为另一项更艰巨的任务铺平道路。即便在这项任务的初始阶段，也不能忽视其中的动力因素。我们从各种各样的来源——病人传达给我们的信息和自由联想，他在转移中呈现的，我们通过解释他的梦所获知的，以及他通过语误或过失行为暴露的——为工作收集材料。所有这些材料都有助于建构他所不记得的遭遇，以及他现在正在遭遇而又不甚了然的事情。但无论如何，我们始终要严格区分我们的知识和他的知识。我们不应立刻告诉他那些我们时有发现的苗头，也要避免向他透露我们自以为发现的全部。我们要仔细考虑，何时才应该把我们建构的知识传授给他，这得等一个我们认为合适的时机——这并不总是那么容易决定的。原则上，我们会延迟告诉他某种建构或解释，直到他几乎自己要得出来了，只差一步之遥，不过，这一步其实才是决定性的拟合。如果我们采取另一种方式，在他还没准备好接受解释时，便把我们的解释倾倒给他，那么我们给出的信息不是毫无效果，就是导致阻抗爆发，以致我们的工作难上加难，甚至有彻底停摆之虞。但如果我们将一切准备停当，那么病人往往就会立刻确认我们的建构，并主动回忆起早已遗忘的内部或外部事件。建构与被遗忘细节越是贴合，就越容易被病人接受。那么在这个具体问题上，我们的知识也便成了他的知识。

提到阻抗，我们便涉足了任务的第二个，且更重要的部分。我们已经明白，自我通过反投注来保护自己免受无意识和被压抑的它我的侵略，自我必须完好无损才可正常发挥作用。自我越是感到重压，就越像抓救命稻草一样（惊恐万状一般）依附于反投注，以保护自身其余部分免受进一步侵扰。但这种防御意图并不符合治疗的目的。相反，我们所期望的是，自我在我们的切实帮助下受到鼓舞，变得敢于采取攻势，收复失地。正是在这一点上，我们才注意到反投注的力量，这是对我们工作的阻抗。当自我面临这样一些看上去危险且会招致不快的任务时，便会仓皇后撤；我们如果不想失望，就必须不断鼓励和安抚它。阻抗，在治疗过程中持续存在并不断更新，可以看作——尽管不太准确——压抑引起的阻抗。我们会发现，阻抗并不是我们面临的唯一问题。很有意思，这一情形下，派系关系有了一定程度的逆转：自我开始反对我们的鼓动，一贯与我们敌对的无意识却成了我们的帮手，因为它天然具有一种"上行冲动"，除跨越既定边界突入自我、突入意识之外别无所求。如果能成功促使自我克服阻抗，那么抗争就会顺着我们的方向，在我们的辅助下进行。抗争的结果反倒不那么重要：自我在重新审视之后接受先前一直拒绝的本能请求也好，从此永久斥退本能请求也罢。因为无论是哪一种情形，长期以来的危险都解除了，自我的疆域扩大了，心理能量的浪费也再无必要了。

克服阻抗是我们工作中最费时、最麻烦的部分。但又值得去做，因为这部分工作为自我带来了有利的转变，这一转变将独立于转移的效果而存续，并在人生中一直发挥作用。同时，我们也致力于让自我摆脱无意识影响下造成的改变；无论何时，只要发现无意识在自我中的衍生物，我们就要指出其来源不正当，并促使自我对其加以拒绝。切记，我们所订援助协约的前提之一是，无意识元素所造成的自我转变不应超出一定限度。

随着我们的工作逐步开展，我们的见解越发深入神经症的精神生活，两个新因素闯进了我们的视线，得把它们当作阻抗的来源加以密切关注。两者都完全不为病人所知，我们订立协约时并未将其纳入考虑；而且它们也不出自病人的自我。可以姑且把它们都冠以同一个名字——"生病或受苦的需要"，两者虽在一些方面性质相似，但起源截然不同。第一个因素是负罪感，或者叫作负罪意识，顾名思义，不过病人对此无所感受，亦无所觉知。显然，这一阻抗由严酷又残忍的超我造成——病人不能好转，必须继续病着，因为他不配好起来。这种阻抗其实并不会干涉到我们的智性工作，但会使其变得无效；事实上，该阻抗往往允许我们消除一种形式的神经症之苦，但即刻准备用另一种痛苦或某种躯体疾病来将其替代。我们偶尔会观察到，真正的灾厄之后，一些严重神经症会得到治愈或改善，负罪感也能对此给出解释：重要的是病人应该痛苦——以哪种方式痛苦倒是其次。这类人的逆来顺受引人注目，但也透露着真相。为了避免这种阻抗，我们必须着重让病人意识到这点，并试着慢慢卸除敌对的超我。

要说明另一种阻抗就没上面这么简单了，而且我们对此的应对方式也还非常不足。就其反应而言，有些神经症患者的自保本能实际上已经逆转了。除自伤、自毁之外，他们似乎别无所求。也许，最终走上自杀道路的就属于这类人。可以作此假设：这类人身上的本能离解^①早已影响深远，以致向内释放了巨量的破坏本能。这类病人无法容忍我们的治疗所带来的康复，故而竭尽所能与康复作对。但必须承认，这种案例我们还不太解释得清楚。

我们帮助病人神经症自我的尝试已达什么境地了呢，我们再捋一遍。这一自我不再能完成外部世界（包括人类社会）所设定的任务。它已无法完全掌控自身的经验，大部分记忆库存都流失了。它的活动被超我的禁令抑制，它的能量被徒劳地用来抵御它我的请求。不仅如此，由于它我不断侵扰，自我的组织受损，被相互对立的驱力、未解决的冲突、未消除的疑虑撕裂，再也无法进行任何像样的综合。首先，我们让病人虚弱的自我参与纯粹智力层面的解释工作，以暂时填补其精神资产的亏空，进而将其超我的权威转移给我们；我们鼓励自我对它我所提出的每个请

---

① 【译注】精神分析假设，爱若斯（Eros）和塔纳托斯（Thanatos）（生本能和死本能）携手共同发挥作用，是为"本能融合"；反过来，爱若斯和塔纳托斯各自为政，独立追求各自的目标，是为"本能离解"。

求采取抗争，并克服因之而起的阻抗。同时，我们通过识别无意识中突冒的材料和驱力来修复自我的秩序，并通过追溯这些材料和驱力的起源以使其可被考察。我们以各种角色——权威、父母的替身、老师、教育者——为病人服务；而作为分析家，我们为他所尽到的最大努力就是，将病人自我中的精神过程重新提升至正常水平，转化已经成为无意识的、被压抑进前意识的材料，使这些材料重新归于自我。病人身上有几个于我们有利的理性因素，例如，在痛苦的推动下所提出的康复需要，以及我们所可能在他那里唤起的对精神分析理论、启示的智性兴趣；但更强大的助力是，让他得以与我们相遇的正面转移。另一方面，与我们作对的有：负面转移，自我处压抑引起的阻抗（即，对不得不接受强加给自我的艰苦工作感到不快），与超我的关系中产生的负罪感，以及由于他的[①]本能遭遇经济学剧变所致的生病的需要。个案是轻微还是严重，取决于最后两个因素所占的份额。除上述以外，还有一些有利或不利的因素。某种精神惰性，比如力比多的停滞，也就是不愿放弃固着，这是我们所不欢迎的；病人使本能升华的能力则至关重要，摆脱本能粗陋生活的能力也是如此；还有，其智性功能的相对实力也很重要。

---

① ［德文版为 "Seiner"。这个词可能是 "它的"（its）或者 "他的"（his）；此处更像是指作为整体的人，而不是指自我。］

如果得出以下结论，我们不应感到失望，反倒应该感到很好理解：我们投身的斗争，最终结果取决于量的关系——取决于我们能动员起来支持我们的能量份额与站在我们对立面的能量总额之比。在这片战场，神会再次眷顾强者。诚然，我们并不总是胜利，但至少我们总能认识到未能获胜的原因。那些仅出于治疗兴趣而一直关注我们讨论的人，读到这句实话之后可能会轻蔑地转身离开。但我们在此讨论该疗法，只是因为它能在心理层面发挥作用，而且暂时也还没有别的手段。也许未来，我们能够学会通过特定化学物质，对精神器官中能量的额度及分布施以直接影响。但就目前而言，我们还没能掌握比精神分析更好的技术，因此，精神分析尽管存在局限，也仍不容忽视。

第七章　精神分析工作模板

我们已对精神器官，其组成部分、机体和机构，其中运行的力，及各部分所分担的功能有了大致了解。神经症和精神病就是精神器官功能紊乱的表现。之所以选择神经症作为研究对象，是因为它更易受到我们心理学方法的干预。在尝试对神经症施以影响的同时，我们会收集观察结果，以描绘神经症的起源和形成方式。

开始我的描述之前，我先陈述一项主要发现。神经症（不同于传染病之类）没有特异的决定因素。在神经症中寻找病理刺激源实属徒劳。神经症很容易过渡进所谓正常状态而销声匿迹；而另一方面，普遍意义上的正常状态几乎无不显露着神经症的迹象。神经症患者的先天禀赋与其他人大概并无不同，大家有着相似的经历，也面临着同样的任务。那么为什么他们的生活要糟糕得多、困难得多，而且会经受更多的不快、焦虑和痛苦呢？

我们不必为找不到这个问题的答案而不知所措。量的失调是神经症患者空乏和痛苦的罪魁祸首。人类精神生活采取的所有形式，事实上都是出于先天禀赋和偶然经验之间的相互作用。有时或许是某一本能天生太强或太弱，有时可能是某一能力在生活中发展受阻或发育不全。另一方面，外部的影响和经验对不同的人有不同的能力要求；这个人的体质所能应付的事情，对那个人来说可能就是无法完成的任务。这些量的差异注定了结果的多样性。

然而，我们很快就会觉得这种解释并不充分：它太笼统了，解释得太多了。它所提出的病因学适用于每一例精神不幸、痛苦、残疾，但并不是所有这类状态都可以被称为神经症。神经症有其独具的特点，是一种特定类型的痛苦。因此，我们终究还是会期待找到神经症的特殊诱因。或者我们可以假设，精神生活必须处理的诸多任务中，有一些尤其容易令人忧心；神经症现象正是紧随这些任务席卷而来，我们无须撤回先前的主张。如果神经症患者本质上与正常人并无不同，那么神经症研究很可能会对了解正常人作出重大贡献。由此，我们可能也会发现正常组织的"弱点"。

我们先前的假设得到了确认。分析经验告诉我们，有些本能请求很容易碰壁或难以顺利得到处理，同时，人生的某些阶段与神经症的产生有着尤其显著的关联。这两个因素——本能的性质以及相关人生阶段——需要分别进行考量，但它们的联系也相当紧密。

谈及人生阶段所发挥的作用，我们相当有把握。似乎只有童年早期（6 岁以前）才会患上神经症，尽管可能要很久以后才会出现症状。儿童神经症可能只是昙花一现，甚至被忽视。每例后来的神经症都联系着其童年时的先声。但所谓的创伤神经症（过度惊吓或过强躯体冲击所致，如，火车相撞、被土石活埋等）可能是例外：迄今为止，其与童年时期的因果关系还未得到研究。就病因学而言，童年初期应最先考虑，这并不难解释。如我们所知，神经症是自我的紊乱；如果自我还很弱小、不成熟、缺乏抵抗力，那它没法应对后来可以轻松解决的任务根本不足为奇。这种情况下，外部世界的刺激扮演了"创伤"，内部的本能请求也不遑多让，若某些先天禀赋同时向内外两者妥协，则创伤尤甚。无助的自我试图通过逃避（压抑）来抵挡它们，这种尝试的结果是无效的，而且会对后续发展造成永久妨碍。最初的经历会给自我造成不成比例的巨大伤害；我们只需要作个类比，将一根针刺进一堆正在分裂的细胞（鲁①在实验中的做法），和刺进一头由细胞发育而来的成年动物，结果是不同的。没有一个人能免于这种创伤经历；也没有人能逃脱创伤带来的压抑。自我这些值得探索的反应可能对于实现该人生阶段的另一目标是必不可少的：这个小小的原始生灵必须在短短几年里成为一个文明人；他必须以一种近乎不可思议的缩略形式经历人类文化那悠久的发展历程。遗传禀赋是这个过程得以发生的前提；教养，以及父母影响——作为超我的前身——之类的额外帮助通过禁止和惩罚来限制自我的活动，通过鼓励或强制来建立压抑，但如果缺乏额外帮助，这项人生目标几乎就永远不可能实现。因此，切记，神经症的决定因素包括了文化影响。如我们所见，野蛮人很容易保持健康，文明人就难了。对强大的、无拘无束的自我的渴求看似朴素，但我们身处的时代告诉我们，这份渴求是文明所不容的。既然家庭的抚育承载着文明的要求，那我们就务必要考虑到人类的生物学特性——童年的依赖期很长——在神经症病因学中发挥的作用。

至于另一点——也就是本能因素——我们在理论和经验之间发现了一个有趣的分歧。理论层面，无疑可以假设，任一种本能请求都可引发同一种压抑，并造成相应后果；但根据现有观察，致病的兴奋总是出自性生活的本能组件。

---

① ［威廉·鲁（Wilhelm Roux, 1850—1924），实验胚胎学奠基人之一。］

可以说，神经症症状无一例外，要么是对某种性驱力的替代满足，要么是阻止这种满足的手段；症状通常是两者之间的妥协，符合无意识中对立事物运行法则的妥协。我们理论中的这一缺漏目前还无法填补；大多数性生活驱力并非纯粹爱若性质，而是由爱若本能与破坏本能混合而成，这一事实更是让我们难下论断。不过毋庸置疑，以性欲作为生理表现的本能在神经症成因中有着显著的、意料之外的重要性——但是否具有排他性还有待确定。可我们也要时刻牢记，文明的进程中，没有哪项功能遭到过性功能那般强烈和广泛的污名。理论必须符合一些线索，而这些线索揭示了更深层的联系：童年早期，自我从它我分化了出来，同时，这也是性的蓬勃早熟期，随着潜伏期的到来而结束；如此重要的早熟期紧接着成了幼儿遗忘的受害者，这不大可能是偶然；最后，性生活中的生物变化（比如我们前面提过的性功能二相攻势，性兴奋周期性特征的消失，女性月经和男性兴奋之间关系的转变）——性方面的这些变革肯定在动物向人的演化中相当重要。这些独立数据还有待未来的科学将之汇成新的见解。此处我们的理论缺漏不在于心理学，而在于生物学。也许我们没有说错：自我组织的弱点似乎在于它对性功能的态度，仿佛自保和物种延续之间生物层面的对立在这里得到了心理层面的表达。

分析经验使我们深信这一耳熟能详的说法，即儿童是成人的心理之父，早年事件对后面整个人生的影响至关重要。因此，我们特别关注是否有什么可以算得上童年时期的核心经历。尤其要关注某些事件所造成的影响，尽管不是每个孩子都会遭遇，但也相当常见——例如成人的性侵，其他更年长儿童（哥哥或姐姐）的引诱，以及我们始料未及的，当场看到、听到成人（父母）性行为时的悸动——事发时，人们可能认为孩子不懂，也不会对这些印象感兴趣，或者很快就记不得了。很容易确定，这些经验是多么能让孩子变得敏感，而且会驱使孩子的性驱力走入今后再难移易的道路。这些印象要么立刻受到压抑，要么在快要被记起时遭到压抑，它们成了神经症强制行为的决定因素，而这种强制行为会导致自我无法掌控性功能，并可能会永久偏离这一功能。如果是后一种反应，其结果就是神经症；如果没有这种反应，就会发展出各种性变态，甚至整个性功能——该功能不仅对繁衍，而且对整个生命的塑造都极其重要——都将变得完全失去控制。

尽管这类个案极具教益，我们却更应留意以下情形造成的影响，每个儿童都注定有此经历，而且这一情境必然是由孩子长期被他人照料、长期与父母一同生活的因素所致。我想说的是俄狄浦斯情结，如此命名，是因其神髓可见于希腊传说"俄狄浦斯王"，该传说有幸经一位伟大剧作家之手留传给了我们。这位希腊英雄弑父娶母。说他无意而为之——毕竟不知道那是自己的父母——背离了显而易见的精神分析事实，我们其实认为这是必然。

此时，我们必须对男孩和女孩（男性和女性）的发展加以区分，因为性别差异正是此刻才初次得到心理上的体现。在这里，我们面临着性别二元性这一生物学事实的巨大谜题：这是我们知识的终极真相，无法还原至任何其他事物。该谜题显然完全属于生物学范畴，精神分析对此无计可施。精神生活中，我们只能找到性别差异的一些表现；对它们的解释却因以下——长期存疑的——事实而愈发困难，即任一个体并非仅具单一性别的反应模式，而是始终保有另一性别的一些反应模式，与其肉体如出一辙，既有充分发育的性器官，也保有萎缩、无用的异性器官残遗。故为了在精神生活中区分男性和女性，我们用了一个显然纯属经验的、权宜的等式：一切强大、主动的皆称男性，一切弱小、被动的皆称女性。心理的双性性让我们的探索陷入窘境，也让这些探索更难得到阐发。

孩子的第一个爱若对象是哺育他的母亲乳房；爱源于对满足了的营养需要的依恋。毫无疑问，一开始，孩子区分不了乳房和己身；孩子往往会发觉乳房缺席，于是不得不将乳房与己身分离并将其移至"外部"，他把这一原初自恋力比多所投注的部分当成一种"对象"。这最初的对象后来被整合到母亲这个人身上，她不仅哺育孩子，还照料孩子，也由此给孩子带来了一些快乐、不快乐的身体感受。通过对孩子身体的照顾，母亲成了孩子的第一位诱惑者。母亲那无与伦比的重要性正是根植于这两层关系，这份重要性是孩子最初、最强的爱的对象，终身不渝，也是后来所有爱的关系——于两性皆然——的原型。总的来说，种系发生的基础远高于个人偶然经验，故而孩子是真吸过乳房，或是被奶瓶喂大而从未享受过母亲的温柔照拂，并无差别。两种情况下，孩子的发展都循着同一道路；或许第二种情况下，孩子的渴求会更为强烈。而且，孩子无论吃了多久母乳，断奶后都会坚信，自己被喂得太短、太少。

前面的铺垫并非冗言，因为它可以提高我们对俄狄浦斯情结强度的认识。男孩（两三岁起）进入力比多发展的阳具期，开始从自己的性器官获得快感，并学会以手动刺激产生快感时，便成了母亲的爱慕者。他希望以自己从性生活的观察和直觉所推测出的方式占有她的身体，并试图向她展示自己引以为傲的男性器官来引诱她。一言以蔽之，他那早早觉醒的男性性试图取代父亲在她那儿的位置；此前，父亲一直都是男孩忌羡的榜样，因为男孩承认他身体强健，也觉得他透着威严。而现在，父亲成了情敌、绊脚石，成了想除掉的人。父亲不在，他就能与母亲同床，一旦父亲回来，他又被撵下床去；父亲消失，他便满足，父亲再次出现，他便失望，这都是男孩的切身经历。俄狄浦斯情结的主题就是如此，希腊传说将孩提幻想改写成了剧中现实。而在我们的文化环境下，这一情结注定有着可怕结局。

母亲很清楚，男孩的性兴奋与她有关。她迟早会明白，放任这种兴奋是不对的，同时会想到，禁止儿子玩弄他的生殖器才是对的。她的禁止收效甚微；充其量只能稍微改善他获得满足的方式。最终，母亲采取了最严厉的措施；她威胁孩子，要拿走他用来挑衅她的东西。通常，为了让这份威胁更可怕、更可信，她会让孩子父亲来执行，扬言要向父亲告状，然后父亲会来把阴茎割掉。说来也怪，这份威胁只有在另一个条件——事先或事后——得到满足的前提下才有效。就事论事，男孩似乎很难想象居然会发生这样的事。但如果遭威胁时他能想起女性生殖器的样子，或者如果威胁后不久他才见过——女性生殖器，换句话说，女性生殖器竟然真的缺少那极其宝贵的部分，那么他就会认真对待自己听到的事，进而在阉割情结的影响下，经历早年生活中最严重的创伤①。

阉割威胁的后果多到不可估量；这些后果总体上影响了男孩与父亲、母亲的关系，一般也会进而影响到与男人、女人的关系。通常，儿童的男性性经不起这最初的打击。为了保全自己的性器官，他差不多完全放弃了对母亲

---

① 阉割在俄狄浦斯的传说中也有一席之地，因为俄狄浦斯得知自己罪行时罚自己毁去双目——有梦为证——就是阉割的象征替代。不能排除这样的可能性，即种系发生的记忆痕迹可能会导致这种威胁的影响异常可怕——这是来自原始家庭史前史的记忆痕迹，当时，一旦儿子作为挡在女人面前的情敌而碍手碍脚，嫉妒的父亲真的会夺去儿子的生殖器。割礼这一原始习俗就是阉割的另一种象征替代，这只能被理解成是在表达对父亲意志的顺从（可参见原始人的青春期仪式）。目前，在不制止儿童手淫的民族和文明中还未观察到上述形式的事件。

的占有；他的性生活往往一直为此禁令所累。如果他身上有我们提到的强烈的女性成分，那么随着男性性被吓倒，这一成分就得到增强。他开始陷于对父亲的被动态度，就像母亲一样。阉割威胁诚然使其放弃了手淫，却没有禁绝想象的手淫活动。相反，由于这些活动成了仅存的性满足形式，他变得比以前更沉迷这些幻想；虽然仍继续认同于父亲，但他同时更认同于母亲。这些早期手淫幻想更新迭代的衍生物通常会进入其后来的自我，并在其性格形成中发挥作用。他的女性性受到鼓舞，此外，对父亲的畏惧和憎恨也大大加剧。可以说，男孩的男性性退缩成了对父亲的逆反态度，这以一种强制的形式主导着他后来在人类社会中的行为举止。对母亲的爱若固着一般会在对她的过度依赖中得到残留，并作为与女性之间的牵绊而延续下去①。他既不敢冒险去爱母亲，也不敢让母亲爱自己，因为如此一来，他可能会置身被她出卖给父亲、被送去阉割的险境。整个经历，连同它的前因后果，我只能给出一个选择性的描述，它受到了强有力的压抑，不过，无意识它我中的运行法则可能会让所有这些相互纠缠的情感冲动和反应蠢蠢欲动，并准备在青春期后扰乱自我的后续发展。当躯体的性成熟过程把新生活拉回到过去的、早已超越的力比

---

① ［见《可终结和不可终结的分析》（*Analysis Terminable and Interminable*, 1937*c*）
第八部分的一条脚注。］

多固着时，性生活将会受到抑制，缺乏同质性，从而分裂成相互冲突的驱力。

　　毫无疑问，阉割威胁并不总会对男孩萌动的性生活带来可怕后果。这还取决于量的关系：遭到了多大损害，同时又规避了多少损害。该事件可以被看作童年的核心经验，是早期生活中最严峻的问题，也是长大后缺陷的最大根源，但它被全然忘记了，故该事件在成人分析中得到重构时总面临着最大的质疑。人们对它的反感是如此激烈，以至于都试图对这个犯忌的主题保持沉默，甚至其最明显的标志都因一种奇怪的睁眼瞎而被忽视了。人们可能会听到这样的反驳，说俄狄浦斯王的传说和分析建构的东西根本没有联系：情况明明就不同，因为俄狄浦斯并不知道自己杀的是父亲，娶的是母亲。这样的反驳其实忽略了一点，如果试图以诗学的方式处理材料，那么这种歪曲就在所难免，且这一反驳并未引入附加材料，而仅仅是对该主题所呈现的因素加以了巧妙运用。整个阉割经验都落入了无意识状态，而俄狄浦斯的无知恰恰是这一无意识状态的合法表现；神谕的强制力——使主角无罪，或本应使主角无罪——凸显了命运的必然性，这让每个儿子都注定要经受俄狄浦斯情结。而且，从精神分析的角度可以指出，另一位充满戏剧性的主角，莎士比亚笔下的拖延者，哈姆雷特，他的迷局是多么容易参照俄狄浦斯情结而解开。哈姆雷特王子为惩罚某人的任务而悲痛不已，因为这个任务与他自己的俄狄浦斯愿望不谋而合——而文学界对此却普遍缺乏了解，足见普罗大众是多么易于紧抓自己儿时的压抑①。

可是，早在精神分析诞生一个多世纪前，法国哲学家狄德罗就在下面这段话中表达过原始世界与文明世界的区别，对俄狄浦斯情结重要性给出了佐证："Si le petit sauvage était abandonné à lui-même, qu'il conservât toute son imbécillité, et qu'il réunît au peu de raison de l'enfant au berceau la violence des passions de l'homme de trente ans, il tordrait le col à son père et coucherait avec sa mère。②"我敢说，就算在发现被压抑的俄狄浦斯情结之外别无成就，单凭这一点，精神分析都足可跻身人类新获瑰宝之列。

阉割情结对小女孩们的影响更为单一，但也同样深刻。女孩固然不必害怕失去阴茎；可她却必须面对自己生

---

① "威廉·莎士比亚"（William Shakespeare）很可能是个假名，其背后大有玄机。坊间曾认为牛津公爵，爱德华·德·维尔（Edward de Vere）才是莎士比亚作品的作者。他很小就失去了感情甚笃的父亲，父亲尸骨未寒，母亲便另嫁新人，与他完全断绝了关系。——［弗洛伊德 1930 年在《释梦》（The Interpretation of Dreams, 1900a, Standard Ed., 4, 226 n.）第五章第四部分的一条脚注里新加了句话，这是他第一次提及这一观点。在《歌德故居前的讲话》（Adress in the Goethe House, 1930e, ibid., 21, 211），以及《自传研究》（Autobiographical Study, 1925d, ibid., 20, 63-4 n.）一处 1935 年新加的脚注里详述了这一观点。在《摩西与一神教》（Moses and Monotheism, 1939a, ibid., 23, 65 n.）第一部分 A 段的一处脚注中，他再次提到了这点。他还在 1934 年 3 月 25 日写给布兰森（J. S. H. Branson）的信中对此进行了长篇论证，这封信被收录进了琼斯（Jones）传记第三卷，"附录 A"（No. 27）中（1957, 487-8）。］

② ［"这野崽子愚鲁不堪，奶娃的心智配上 30 岁男人的激情暴戾，要是放任自流，他恐怕会扭死亲爹，睡了亲娘。"（出自《拉摩的侄儿》［Le neveu de Rameau］）弗洛伊德两度引用过这句话。参见《精神分析引论》（Introductory Lectures, 1916-17, Standard Ed., 16, 337-8）第二十一讲。］

来就没有阴茎这一现实。从一开始，她就嫉妒男孩拥有阴茎；她的整个发展历程可以说都带有阴茎忌羡的色彩。起初，她会做些徒劳的尝试，想和男孩子做一样的事情，不过后来，她转而向弥补自身的缺陷努力，这获得了更大的成功——也许是这些努力造就了正常的女性态度。阳具期的女孩如果试图像男孩一样通过手动刺激生殖器来获得快感，往往会无法获得充分满足，并把发育不良的阴茎所致的自卑推及整个自身。那么她很快就会放弃手淫，并完全远离性欲，因为她不愿想起兄弟或男伴的优势。

如果一个小女孩坚持最初的愿望——长成一个男孩——那么在极端情况下，她就会成为明显的同性恋，就算不这样，也会在后来的生活中呈现出明显的男性特征，选择男性化的职业，等等。另一条路径则是抛弃曾经爱过的母亲：女儿在阴茎忌羡的影响下，无法原谅母亲把她生得缺枪少弹。忿怨之下，她放弃了母亲，并用其他人——父亲——来替代母亲作为她爱的对象。如果一个人失去了爱的对象，最理所当然的反应就是认同于这一对象，顾名思义，就是通过认同，从内部取代这一对象。现在，这个机制成了女孩的帮手。对母亲的认同可以取代对母亲的依恋。女儿把自己放在了母亲的位置，就像她平时玩的游戏里那样；她试图取代母亲在父亲那儿的位置，并开始憎恨曾经爱过的母亲，这出于两个动机：一是嫉妒，二是为没让她生有阴茎感到屈辱。女儿与父亲新关系的内容一开始可能是希望父亲的阴茎能为自己所用，但最终会成为另一个愿望——向父亲要一个孩子当礼物。如此一来，要孩子的愿望替代了要阴茎的愿望，或者说，从要阴茎的愿望中另立了出来。

很有意思，俄狄浦斯情结和阉割情结在男性和女性中的体现会有如此大的差异——其实就是相反。如我们所见，就男性而言，阉割威胁让俄狄浦斯情结走向终结；就女性而言，我们发现，正相反，阴茎的缺失让她们进入了俄狄浦斯情结。女人就算保持着女俄狄浦斯的态度也没什么坏处（对此有人提出了"伊莱克特拉情结"这一术语①）。这种情况下，她将根据父亲的特点来选择丈夫，并准备承认丈夫的权威。她对拥有阴茎的渴求实际上是无法满足的，而如果她能像早先从对母亲乳房的爱进步到对母亲整个人的爱一样，把对器官的爱整合进对长有这一器官的人的爱，那么这一渴求或许可以得到满足。

如果我们问一位分析家，根据经验，病人最不容易受到影响的精神结构是什么，答案将是：对女性而言，是希望有阴茎；对男性而言，是对自己性器官的女性态度，这一态度的前提，自然是自己阴茎的丧失②。

---

① ［该术语可能最初见于荣格（1913，370）。弗洛伊德在其谈"女性性欲"（1931*b*，*Standard Ed.*，**21**，229）的论文中反对引入这一术语。］

② ［弗洛伊德在《可终结和不可终结的分析》第八部分（1937*c*，p.250）对此有更长篇幅的讨论。］

第三部分

理论成果

第八章　精神器官与外部世界

我在第一章中提出的所有一般发现、一般假设，当然都是出自艰苦而详尽的工作，上一章呈现的正是这一工作的模板。现在我们可能会忍不住想勘测该工作带来了何等的知识增量，并思考我们为未来的进展开辟了何种道路。在这一点上，会惊讶地发现，我们的探索往往必须超越到心理科学的边界之外。我们研究的诸多现象并不仅仅属于心理学；它们也有器质和生物学的层面，因此，在建立精神分析的奋斗中，我们也有了一些重要的生物学发现，并提出了一些新的生物学假说。

不过我们暂时只谈心理学。都知道，要划清精神正常和不正常，在科学上是不可行的；就算这种区分有实用价值，也只是在老一套里有价值。因此我们可以顺理成章地通过研究精神失常来理解正常精神生活——如果这些病理状态，精神病和神经症，有特定的异物性成因，这一研究就行不通了。

睡眠中发生的精神失常短暂、无害且有用，对此的研究给了我们一把钥匙，让我们能理解长久而有害的精神疾病。我们可以大胆断言，意识心理学理解正常心理功能的能力并不比理解梦的能力更强。从各个方面来看，仅凭意识觉知的材料，并不足以理解心灵过程的丰富性、复杂性，不足以揭示这些过程的相互联系，也不足以认清心灵过程紊乱的决定因素。

我们假设有某种拼接得当、空间展开、由生活的紧迫需求发展出的精神器官，它只有特定情形和特定条件下才会产生意识现象——该假设使我们能够将心理学建立在与其他科学（如物理学）类似的基础之上。我们的科学面临着与其他科学相同的问题：必须在被感知对象的属性（即质）背后，发现一些更独立于感觉器官特异接收能力，更接近所谓事物真实状态的东西。我们无法触及后者本身，因为我们所推知的任何新事物都显然必须用回感知语言来表达，我们不可能脱离这种语言。但这正是我们这门科学的本质和局限所在。就好比物理学上说："如果我们看得足够清楚，就会发现，固体实际上是由形状、大小、相对位置各异的粒子组成。"于是人们试图通过辅助工具来最大限度地提升感官效率；但可以想见，这些努力并不会影响最终结果。现实将仍是"不可知的"。科学之所以能从人们原发的感知觉中揭示一些东西，靠的是洞察外部世界呈现的联系和依存关系，这些联系和依存关系能以某种方式真切地再现和反映在我们思想的内部世界，关于这两者的知识使得我们能够"理解"、预测，甚至可能去改造外部世界的某些事物。精神分析的步骤与之十分类似。我们已经发现了填补意识现象中的缺漏的技术方法，这一方法之于我们，一如实验之于物理学家。通过这种方式，我们可以推测出许多原本"不可知"的过程，并将其补缀进意识过程。比如，当我们说"这一点上，一段无意识的记忆冒了起来"，其实指的是："在这一点上，某种我们完全无法构想的东西浮现了，不过，如果它进入意识，就只能通过这样那样的方式得以描述。"

每个个例中，我们所作干预和补缀的合理性、可信度都欢迎商榷；而且不可否认，作抉择是极其困难的——从分析家们缺乏共识就可见一斑。这还得归咎于问题的新颖性——也就是说，缺乏训练。不过除此以外，本学科还有一种固有因素；毕竟，不同于物理学，在心理学中，人们并不总是关注那些仅引起冷峻科学兴趣的事物。因此，就算一名女分析家因不充分确信自身对阴茎的愿望而未能向病人对这一因素予以适当强调，我们也不会感到过于惊讶。这种错误来源于个人因素，但长远来看，它并不重要。如果去翻阅老旧的显微镜使用教程，人们会感到震惊，此项技术诞生之初，竟然对用显微镜做观察之人的人格有着离谱要求——而这一切在今天根本不成问题。

我并不试图完整描绘精神器官及其活动；因为我发现自己被一些事实掣肘，即精神分析还没有时间不加偏重地研究所有这些功能。因此，能详述开篇章节中的内容，我就很满足了。

构成我们存在核心的，是晦涩的它我，其与外部世界没有直接联系，我们这门知识甚至都只能借助别的路径才能触及它我。它我中运作着机体本能，这些本能由两种原始力量（爱若斯和破坏力）以不同比例融合而成，又凭借各自与器官或器官系统的关系而相互区分。这些本能有且仅有一种驱力，即追求满足，可以认为，满足会由外部世界对象给器官带来的变化产生。但是诸如它我请求之类的本能，其直接和恣意的满足往往会导致与外部世界的险恶冲突，以至身死形灭。它我对求生毫不挂心，对焦虑亦无知无识；或者更准确来说，它我尽管能够产生焦虑的感官元素，却无法对其加以利用。它我诸多精神元素之中、之间或可呈现的一些过程（即原发过程）与智性、情感生活中通过意识感知而为人熟知的过程大有不同；它们也不受逻辑的严格限制，逻辑会认定这些过程无效，并试图将其撤销。

与外部世界隔绝的它我有一个专属的感知世界。它我对自身内部的某些变化——尤其是本能请求的强弱波动——异常敏锐，这些变化在意识里就成了一系列快乐——

不快的感觉。很难说清楚这些感知是借助什么方式、通过哪种末端器官产生的。但有一点很清楚，自体知觉——机体感觉以及快乐—不快的感觉——专横地支配着它我中诸多事件的流变。它我遵循着难以抗拒的快乐原则。但遵循该原则的不只它我。其他精神机构的活动似乎也只能修饰快乐原则，而无法将其废止；何时以及如何才能克服快乐原则，是理论层面最重要的问题，也仍是一个悬而未决的问题。快乐原则要求缩减，或者说消除本能的需要的张力（即涅槃），如此考量就导致快乐原则与两大原始力量——爱若斯和死本能——之间的关系无法确定。

人们自认为最了解、最容易从中再认自身的另一个心灵机构——即所谓的自我——是从它我的皮层发育而来，这部分适应了接收、排斥刺激的皮层与外部世界（现实）直接关联。自从有了意识感知，自我便更广、更深地影响到了超我，只要这份影响持续存在，自我就会继续保持对外部世界的依赖，同时也带着不可磨灭的产地印记（就好比 "Made in Germany①" ［德国制造］）。自我的心理学功能在于让它我中的［事件］流转提升至更高的动力水平（也许就是像前意识状态那样，把自由流动的能量转变成受到限制的能量）；在认清现在所处位置、评估先前经历之后，思维活动尝试着通过经验来预测上述流转过程的后

---

① ［此处德文原版即是英文。］

果，而自我的建构功能就在于将这种思维活动补缀进本能的请求和满足这一请求的行动之间。自我就是通过这种方式来决定执行还是推迟满足的企图，或者是否需要把本能提出的请求当作危险而完全压制（这就是现实原则）。正如它我一味朝向谋求快感，主导自我的，是对安全的考量。自我给自己定下了自保的任务，而它我似乎对这一任务视而不见。它〔自我〕以焦虑感作为信号，对威胁自身完整性的危险发出警告。因为记忆痕迹可以像知觉一样——特别是通过基于言语残余的联想——进入意识，所以可能出现混淆，从而导致对现实的误解。自我通过现实检验来避免这种可能性，而在睡眠的普遍条件下，现实检验可以在梦中陷入停顿。自我力求在机械力量占绝对主导的环境中保全自身，首先就会遭到来自外部现实的威胁；但危险并不仅从外部现实威胁自我。自我的它我也是类似的危险来源，这有两点不同原因。第一，过强的本能会损害自我，和来自外部世界的过度"刺激"如出一辙。前者诚然无法摧毁自我；但可以摧毁自我特有的动力组织，并将自我变回它我的一部分。第二，自我可能已从经验中明白，满足某些并非难耐的本能请求可能会招致外部世界的危险，故而这类本能请求本身就成了一种危险。可见，自我是双线作战：既要抵御外部世界的毁灭威胁，以捍卫自身的存在，又要抵御内部世界提出的过度请求。双线均采取同样的防御方式，但对内敌的防御尤为不足。自我与内敌本是同根生，且极为亲密地依存在一起，所以自我很难逃离内部的危险。内部危险尽管可以被暂时压制，但却一直作为危险而存续。

我们已经知道，在竭力抵御童年初期的压力时，尚且虚弱又不成熟的自我是如何受到永久损害的。在父母的关怀下，孩子们受到保护，免受外部世界的威胁；作为这份安全感的代价，孩子们开始害怕爱的丧失，这一丧失会让他们在外部世界的危险面前陷入无助。男孩处于俄狄浦斯情结的情境时，阉割威胁对于冲突结果起着决定性的作用，阉割的危险对男孩自恋的威胁经由一些原始材料得到增强，从而掌控了他。受两种影响——当前实际的危险，以及回忆起来的具有种系发生基础的危险——的共同作用，孩子开始尝试进行防御——压抑——这暂时是有效的，可后来，一旦性生活的卷土重来让先前被拒斥的本能请求得到强化，就会证明这些压抑在心理上是不充分的。如果是这样，那么从生物学角度，就必须认为，自我无法驾驭早年性发展阶段的兴奋，当时自我的不成熟使其无力承担这一任务。正是从自我发展相较于力比多发展的落后中，我们获知了神经症的基本前提；于是我们不免得出这样的结论，如果稚嫩的自我免于这项任务——也就是说，如果孩童的性生活可以像许多原始民族一般无拘无束，那么神经症就是可以避免的。神经症的病因学或许比这里描述的复杂得多；即便如此，我们也至少阐明了致病情结的一个关键部分。也不应忽视种系发生的影响，这些影响在它我中以人们还无法掌握的形式得以表现，其在早期对自我的作用大于后期。另一方面，我们认识到，这么早就试图阻断性本能，禁止幼儿性欲，使幼小的自我一边倒地支持外部世界、反对内部世界，这对个体将来的文化适应度[①]不可能没有影响。被迫放弃直接满足的本能请求不得不转而走上通往替代满足的新道路，在这样的迂回之中，本能请求可能会褪去性的色彩，与最初的本能目标的联系也变得愈发松散。基于此，我们或可作如下论断：我们文明中许多瑰宝都是牺牲了性，对性动力加以限制才获得的。

我们不得不反复强调，自我的源头，及其后天获得的最重要特性，都要归功于与外部现实世界的关系。因此可以假设，自我的病理状态是基于与外部世界关系的中止或懈怠，这一状态下，自我再一次极度接近它我。这与临床经验给我们的教益高度吻合——精神病发作的诱因要么在于现实世界的痛苦变得难以承受，要么在于本能变得异常强烈——鉴于它我和外部世界竞相宣示对自我的主权，两种诱因必然殊途同归。要是自我能完全脱离现实，精神病的问题反倒会变得清晰明了。但似乎这种情形鲜有发生，

---

① ［与之类似的概念是"文化易感性"，弗洛伊德在《当前对战争与死亡的一些思考》("Thoughts for the Times on War and Death", 1915*b*, *Standard Ed.*, **14**, 283 - 4) 有一定篇幅的讨论，在《一种幻想的未来》(*The future of an illusion*, 1927*c*, *ibid*, . **21**, 38) 也有提及。——弗洛伊德未对"文化"(culture) 和"文明"(civilization) 两个词加以区分。］

或者说根本不会发生。即便是极度脱离外部世界现实，比如某种幻觉性错乱①，人们都可以从康复的病人那里了解到，当时，他们心灵的某个角落（按他们的措辞）藏着一个正常人，如超然的看客般，静观疾病在自己眼前熙攘而过。不知道可否认定普遍情形就是如此，但我可以补充，其他不那么激烈的精神病也是类似的情形。我想到了一例慢性妄想，每次嫉妒发作后，都会以一个梦向分析家表露确切的发作诱因，而不带丝毫妄想②。由此显现出了一个有趣对比：我们习惯于从神经症的梦中发现与清醒生活格格不入的嫉妒，但这个精神病案例中，白天主宰病人的妄想却是由梦所纠正的。这个看法大体上是正确的，即所有这些案例中都发生了精神的劈裂。形成了两种心理态度，而非单一一种———一种是正常的态度，顾及现实，另一种态度则在本能的影响下，让自我脱离现实。两种态度相互依存，最终的结果则取决于两者的相对强度。如果第二种态度更强，或者变成了更强的那个，精神病就有了必要的前提。如果强弱反转，那么妄想障碍就会得到明显疗愈。其实妄想也只是退回到了无意识——正如大量观察所确证的，妄想早在明显表露前就已经制作完成了。

这种假定所有精神病都发生了自我劈裂的观点如果不

① ［弗洛伊德用梅内尔（Meynert）意义上的"健忘症"一词对此进行了补充说明。］
② ［该案例在弗洛伊德《神经症的一些机制》（"Some Neurotic Mechanisms", 1922*b*, *Standard Ed.*, **18**, 227）一文中有一定篇幅的描述。］

适合描述其他更接近神经症的状态，乃至神经症本身，那就不至于引起如此多的关注。这一点我最早是从一些恋物癖个案中得到确认的。该反常行为可以算作一种性变态，众所周知，其根基在于病人（几乎都是男性）未能认识到女性没有阴茎这一事实——一个他所不愿接受的事实，因为这证明了他有遭到阉割的可能性。为此，他对女性生殖器没有阴茎这一感官印象加以否认，并坚持相反的信念。然而，他所否认的印象并非完全没有影响，毕竟他无论如何都没有勇气断言自己真的看到了女人的阴茎。他转而抓住其他东西——身体的一部分，或者其他对象——并赋予它阴茎的地位，他不能没有阴茎。该替代物通常是他看到女性生殖器时所看到的东西，或者是某种可以很好地作为阴茎象征替代物的东西。于是，说恋物对象是因自我劈裂而得以建构是不对的；这不过是借助移置而达成的妥协，梦中就时有发生。但我们的观察还可以展示更多。创造恋物对象，是为了销毁阉割可能性的证据，从而避免对阉割的恐惧。要是女人都像其他生灵一样拥有阴茎，那就没有人需要为长有阴茎而提心吊胆了。现在我们发现，恋物癖和非恋物癖，对阉割产生的恐惧是相同的，作出的反应也是相同的。他们的行为同时表达着两个相反的前提。一方面，他们在否认自己感知到的事实——即在女性生殖器处看不到阴茎；另一方面，他们也在承认女性没有阴茎这一事实，并从中得出正确结论。两种态度在他们的一生中并驾齐驱，互不影响。这才称得上自我劈裂。这种情况也使我们能够理解，为何恋物癖往往发展得不彻底。它并不完全支配对象选择，而是或多或少为正常的性行为留有余地；事实上，恋物癖有时会退至一个中庸的程度，甚至仅限于露一点苗头。因此，恋物癖中，自我从未完全与外部世界现实分离。

切不可认为恋物癖是自我劈裂的特例；它不过是特别适合用来研究自我劈裂而已。言归正传，在现实世界的支配下，稚嫩的自我通过我们所说的压抑来摆脱不合时宜的本能请求。现在，我们将对此作补充说明，童稚时，自我往往都在抵御外部世界令自己感到痛苦的请求，而这是通过否认对现实请求的知觉实现的。这种否认时常发生，而且不单单出现在恋物癖身上；只要去研究，就会发现，恋物癖脱离现实之尝试都是权宜的、不彻底的。否认总是伴随着承认，两种对立而独立的态度总会出现，并导致自我劈裂的局面。又一次，其结果取决于两者中哪一方具有更高的强度①。

正如我们刚刚讨论的，自我的劈裂并不像乍看起来那么稀奇。对于某特定行为，存在截然不同又毫不互斥的两种态度，这其实是神经症主体精神生活中呈现的一种普遍特征。神经症中，一种态度属于自我，另一种相反的、被

① 〔例如具有更大的精神能量。〕

— 219 —

压抑的态度，则属于它我。这类个案和［上一段所讨论的］另一类个案的区别，本质上是地形学或结构上的区别，而且，个别情况下，并不总能轻易判定我们接手的是哪一类。不过，两类个案均具有以下共同特征：自我无论为防御进行何种努力，无论是试图否认一部分外部现实世界，还是试图拒斥来自内部世界的本能请求，都永远无法完全和绝对成功。结果总是系于两种对立的态度，连其中落败的、弱些的态度都会导致精神的难局，另一种态度就更是如此。一言以蔽之，我们通过意识知觉对所有这些过程知之甚少①。

第九章　内部世界

我们无法整个传递一系列关于共时事件的复杂知识，只能逐条加以描述；故而，由于过度简化，我们的描述刚开始可能会令人不解，必须缓一缓，等它们得到补充、完善和修正。

自我，协调它我与外部世界，处理它我的本能请求从

---

① ［本章对恋物癖的讨论主要来源于弗洛伊德十多年前关于该主题的一篇文章（1927e），其中也可找到更早的关于"自我劈裂"的参照。亦可参考1927年文章的"编者按"（Standard Ed., **19**, 150‑1）这些问题在未完稿的《防御过程中的自我劈裂》（"Splitting of the Ego in the Process of Defence", 1940e, [1938]）中亦有探讨（弗洛伊德在写《纲要》之前几个月就开始着手写这篇文章），关于"位置"的讨论亦见于此文的"编者按"。］

而使这些请求获得满足，从外部世界获得感知并将其作为记忆加以利用，对两方的激烈索求采取防御以求自保，同时，做决断时遵循修正过的快乐原则——此番写照其实只在童年第一阶段结束前适用，也就是直到五岁左右。此时发生了一个重要变化。作为对象，外部世界的一部分，至少在一定程度上被抛弃了，但通过认同，这部分反而被纳入自我，成了内部世界不可分割的一部分。这个新的精神机构会接替先前由外部世界的人们〔被抛弃的对象〕承担的功能：观察自我、命令自我、评判自我，并用惩罚威胁自我，一如它所取代的父母。这一机构名为超我，因其职能公正，我们将其视作良心。值得一提的是，超我往往表现出现实中父母所不具备的严酷，不仅要求自我对行为负责，甚至还要求自我对想法和未付诸实践的意图负责，仿佛对这些想法和意图有所察觉一般。这让我们想到，尽管神谕那无可违抗的力量本可免除读者和他自己判定的罪责，但俄狄浦斯传说的主人公仍为自己的行为感到罪疚，并自降了惩罚。超我实际上是俄狄浦斯情结的继承者，只有该情结解决后才能得以建立。出于这个原因，超我的过度严苛并非遵照现实父母的模式，而是对标了用以对抗俄狄浦斯情结诱惑的防御的强度。毫无疑问，对这一言论的质疑是哲学家和宗教信徒们由衷而发的，他们断言，道德感并非获自教育灌输，也非得自社会生活，而是从更高处植入人心的。

只要自我与超我还完全协调一致，就不容易从表现上区分两者；但两者之间的紧张、嫌隙会使各自得到凸显。良心谴责所致的痛苦恰恰对应着孩子对爱的丧失的担忧，而这种担忧已经被道德机构取代了。另一方面，自我如果成功抵挡住了诱惑，没做超我反对的事情，就会感到自尊心提高，自豪感增强，仿佛取得了某种可喜的进步。超我以这种方式继续扮演着自我的外部世界，尽管它已经成了内部世界的组成部分。整个后来的人生中，超我都体现着童年期对人的影响——父母的关怀和教育，以及孩子对父母的依赖——人类那因家庭生活而大大延长的童年期的影响。其中体现的不仅有父母的个人特质，还有对父母具有决定性影响的一切：其所处社会阶层的品味和标准，以及其所属种族的天性与传统。那些喜欢概括并作鲜明区分的人可能会说，个体与父母分离后所处的外部世界，代表着现在的力量；带有遗传倾向的它我，代表着机体层面的过去；后来形成的超我，更多代表着文化层面的过去，顾名思义，早年生活中，孩子不得不将其作为个体经验之外的经验而重复经历。这样的概括不太可能是普遍正确的。文化习得无疑部分地在它我中留下了沉淀；超我所作的许多贡献会在它我中唤起回响；孩子的许多新经验之所以会被强化，是因为这都是些原始时代种系发生经验的重复。

Was du ererbt von deinen Vätern hast,

Erwirb es, um es zu besitzen.[①]

　　可见，超我在它我和外部世界之间起到了中介作用；
它本身兼具了现在和过去的影响。超我的形成过程中，如
我们所见，呈现着今古之易变⋯⋯

---

① ［"你从祖先们继承的一切，需要努力获取才能占有！"歌德《浮士德》第一部，
　　第一幕。——弗洛伊德之前在《图腾与禁忌》（*Totem and Taboo*，1923 - 13，
　　Standard Ed.，**13**，158）中引用过这句。］

参考文献

精神分析五讲

BELL, J. SANFORD (1902) "A Preliminary Study of the Emotion of Love between the Sexes", *Amer. J. Psychol*, **13**, 325. (42)

BLEULER, E. (1908) "Sexuelle Abnormitaten der Kinder", *Jb. schweiz. Ges. SchulgesundPfl.*, , **9**, 623. (43)

FERENCZI, S. (1909) "Introjektion und Übertragung", *Jb. psychoan. psychopath. Forsch.*, **1**, 422. (51)

[*Trans.*: "Introjection and Transference", *First Contribu-tions to Psycho-Analysis*, London, 1952, Chap. II.]

FREUD, S. (1893*a*) With BREUER, J., "Über den psychischen Mechanismus hysterischer Phänomene: Vorläu-fige Mitteilung", *G.S.*, **1**, 7; *G.W.*, **1**, 81. (21)

[*Trans.*: "On the Psychical Mechanism of Hysterical Phenomena: Preliminary Communication", *C.P.*, **1**, 24; *Standard Ed.*, **2**, 3.]

(1895*d*) With BREUER, J., *Studien über Hysterie*, Vienna. *G.S.*, **1**, 3; *G.W.*, **1**, 77 (omitting Breuer's contributions). (4, 9 – 20, 21 – 2, 24 – 5, 26, 40, 179)

[*Trans.*: *Studies on Hysteria*, *Standard Ed.*, **2**. Including

Breuer's contributions.]

(1900a) *Die Traumdeutung*, Vienna. *G. S.*, **2‑3**; *G. W.*, **2‑3**. (33, 93, 126, 143, 154, 155, 170, 171, 173, 174)

[*Trans.*: *The Interpretation of Dreams,* London and New York, 1955; *Standard Ed.*, **4‑5**.]

(1901b) *Zur Psychopathologie des Alltagslebens*, Berlin, 1904. *G. S.*, **4**, 3; *G. W.*, **4**. (37, 84)

[*Trans.*: *The Psychopathology of Everyday Life*, *Standard Ed.*, **6**.]

(1905c) *Der Witz und seine Beziehung zum Unbewussten*, Vienna. *G. S.*, **9**, 5; *G. W.*, **6**. (30‑1, 170)

[*Trans.*: *Jokes and their Relation to the Unconscious*, *Standard Ed.*, **8**.]

(1905d) *Drei Abhandlungen zur Sexualtheorie*, Vienna. *G. S.*, **5**, 3; *G. W.*, **5**, 29. (42, 43, 100, 101, 117, 136, 178, 189, 215, 216)

[*Trans.*: *Three Essays on the Theory of Sexuality*, London, 1949; *Standard Ed.*, **7**, 125.]

(1909b) "Analyse der Phobie eines fünfjährigen Knaben", *G. S.*, **8**, 129; *G. W.*, **7**, 243. (43, 79, 87, 95, 96, 142, 224)

[*Trans.*: "Analysis of a Phobia in a Five‑Year‑Old Boy", *C. P.*, **3**, 149; *Standard Ed.*, **10**, 3.]

(1910h) "Über einen besonderen Typus der Objektwahl beim Manne", *G. S.*, **5**, 186; *G. W.*, **8**, 66. (47, 143)

[*Trans.*: "A Special Type of Choice of Object made by Men", *C. P.*, **4**, 192; *Standard Ed.*, **11**, 165.]

(1914d) "Zur Geschichte der psychoanalytischen Bewegung", *G. S.*, **4**, 411; *G. W.*, **10**, 44. (4, 9, 56, 145, 204)

[*Trans.*: "On the History of the Psycho‑Analytic Movement", *C. P.*, **1**, 287; *Standard Ed.*, **14**, 3.]

(1916 - 17) *Vorlesungen zur Einführung in die Psychoanalyse*, Vienna. *G. S.* , **7**; *G. W.* , **11**. (4, 56, 151, 154, 173, 202)

[*Trans. : Introductory Lectures on Psycho-Analysis*, revised ed. , London, 1929 (*A General Introduction to Psychoanalysis*, New York, 1935); *Standard Ed.* , **15 - 16**.]

(1925*d* [1924]) *Selbstdarstellung*, Vienna, 1934. *G. S.* , **11**, 119; *G. W.* , **14**, 33. (4, 56, 224)

[*Trans. : An Autobiographical Study*, London, 1935 (*Autobiography*, New York, 1935); *Standard Ed.*, **20**.]

(1925*g*) "Josef Breuer", *G. S.* , 11, 281; *G. W.* , 14, 562. (9)

[*Trans. :* "Josef Breuer", *Int. J. Psycho-Anal*, **6**, 459; *Standard Ed.* , **19**.]

JUNG, C. G. (1906) (ed.) *Diagnostische Assoziationsstudien*, Leipzig. (32, 183)

[*Trans. : Studies in Word-Association*, London, 1918.]

(1910) "Über Konflikte der kindlichen Seele", *Jb. psychoan. psychopath. Forsch.* , **2**, 33. (43, 79, 95)

LINDNER, S. (1879) "Das Saugen an den Fingern, Lippen, etc. , bei den Kindem (Ludeln)", *Jb. Kinderheilk.* , *N. F.* , **14**, 68. (44)

RANK, O. (1907) *Der Künstler*, Vienna. (50)

精神分析运动史

ABRAHAM, K. (1907) "Das Erleiden sexueller Traumen als Form infantiler Sexualbetätigung", *Zbl. Nervenheilk. Psychiat.*, *N. F.* , **18**, 854. (18)

[*Trans. :* "The Experiencing of Sexual Traumas as a Form of Sexual Activity", *Selected Papers on Psycho-Analysis*, London, 1927, Chap. I]

(1909) *Traum und Mythus: eine Studie zur Völkerpsych-ologie*, Leipzig and Vienna. (36)

[*Trans.*: "Dreams and Myths: A Study in Folk-Psychology", *Clinical Papers and Essays on Psycho-Analysis*, London, 1955, Part III: Essays, 1]

(1911) *Giovanni Segantini: ein psychoanalytischer Versuch*, Leipzig and Vienna (37)

[*Trans.*: "Giovanni Segantini: A Psycho-Analytical Study", *Clinical Papers and Essays on Psycho-Analysis*, London, 1955, Part III: Essays, 2.]

ADLER, A. (1907) *Studie über Minderwertigkeit von Organen*, Berlin and Vienna. (50 - 1, 56, 99)

[*Trans.*: *Study of Organ-Inferiority and its Psychical Compensation*, New York, 1917.]

(1910) "Der psychische Hermaphroditismus im Leben und in der Neurose", *Fortschr. Med.*, **28**, 486. (54, 92 - 3)

(1911*a*) Review of G. G. Jung's "Über Konflikte der kindlichen Seele" [see JUNG, G. G. (1910*b*)], *Zbl. Psychoan.*, **1**, 122. (56, 65)

(1911*b*) "Beitrag zur Lehre vom Widerstand", *Psychoan.*, **1**, 214. (57)

(1912) *Über den nervosen Charakter*, Wiesbaden. (56 - 7)

[*Trans.*: *The Neurotic Constitution*, New York, 1916; London, 1918.]

(1914) With FURTMÜLLER, C. (eds.) *Heilen und Bilden*, Munich. (38)

BLEULER, E. (1906) *Affectivität, Suggestibilität, Paran-oia*, Halle. (41)

[*Trans.*: *Ajfectivity, Suggestibility, Paranoia*, New

York, 1912.]

(1910a) "Die Psychoanalyse Freuds", *Jb. psychoan. psychopath. Forsch.*, **2**, 623. (40 – 1)

(1911) *Dementia Praecox, oder Gruppe der Schizophrenien*, Leipzig and Vienna. (28 – 9, 131, 199)

[*Trans.*: *Dementia Praecox, or the Group of Schizophr-enias*, New York. 1950.]

(1913) "Kritik der Freudschen Theorien", *Allg. Z Psychiat*, **70**, 665. (41)

(1914) "Die Kritiken der Schizophrenien", *Z. ges. Neurol. Psychiat*, **22**, 19. (41, 173)

BRILL, A. A. (1912) *Psychanalysis: its Theories and Practical Application*, Philadelphia and London. (2nd ed., 1914; 3rd ed., 1922.) (32)

ERB, W. (1882) *Handbuch der Elektrotherapie*, Leipzig. (9)

[*Trans.*: *Handbook of Electro-Therapeutics*, Lon-don, 1883.]

ELLIS, HAVELOCK (1911) "Die Lehren der Freud-Schule", *Zbl. Psychoan.*, **2**, 61. (30)

FARROW, E. PICKWORTH (1926) "Eine Kindheitserin-nerung aus dem 6. Lebensmonat", *Int. Z. Psychoan.*, **12**, 79. (21)

FREUD, S. (1893f) "Charcot", *G. S.*, **1**, 243; *G. W.*, **1**, 21. (22)

[*Trans.*: "Charcot", *C. P.*, **1**, 9; *Standard Ed.*, **3**.]

(1894a) "Die Abwehr-Neuropsychosen", *G. S.*, **1**, 290; *G. W.*, **1**, 59. (9, 152)

[*Trans.*: "The Neuro-Psychoses of Defence", *C. P.*, **1**, 59; *Standard Ed.*, **3**.]

(1895d) With BREUER, J., *Studien über Hysterie*, Vienna. *G. S.*, **1**, 3; *G. W.*, **1**, 77 (omitting Breuer's contributions). (8 – 12, 29, 33, 144, 156, 163 – 4, 170, 173, 184, 186, 211, 230, 245,

— 228 —

263, 331)

[*Trans.*: *Studies on Hysteria*, *Standard Ed.*, 2. Including Breuer's contributions.]

(1896*b*) " Weiter Bemerkungen über die Abwehr-Neuropsychosen", *G. S.*, **1**, 363; *G. W.*, **1**, 379. (29, 154)

[*Trans.*: "Further Remarks on the Neuro-Psychoses of Defence", *C. P.*, **1**, 155; *Standard Ed.*, **3**.]

(1896*c*) "Zur Ätiologie der Hysterie", *G. S.*, **1**, 404; *G. W.*, **1**, 425. (21)

[*Trans.*: "The Aetiology of Hysteria", *C. P.*, **1**, 183; *Standard Ed.*, 3.]

(1900*a*) *Die Traumdeutung*, Vienna. *G. S.*, **2 - 3**; *G. W.*, **2 - 3**. (19, 22, 23, 26, 28, 52, 57, 65, 97, 105, 106, 114, 119, 121, 149, 151, 164, 168, 170, 171, 172, 174, 178, 183, 186, 187, 191, 192, 199, 201, 202, 219 - 34, 259, 277, 286, 289, 298, 320, 339)

[*Trans.*: *The Interpretation of Dreams*, London and New York, 1955; *Standard Ed.*, **4 - 5**.]

(1905*c*) *Der Witz und seine Beziehung zum Unbewussten*, Vienna. *G. S.*, **9**, 5; *G. W.*, **6**. (26, 37, 66, 105, 151, 186, 201)

[*Trans.*: *Jokes and their Relation to the Unconscious*, *Standard Ed.*, **8**.]

(1905*d*) *Drei Abhandlungen zur Sexualtheorie*, Vienna. *G. S.*, **5**, 3; *G. W.*, **5**, 29. (18, 55, 69, 73, 76, 84, 87, 112, 114 - 15, 122, 125, 126, 128, 129, 134, 138 - 9, 149, 150, 191, 272)

[*Trans.*: *Three Essays on the Theory of Sexuality*, London, 1949; *Standard Ed.*, **7**, 125.]

(1906*c*) "Tatbestandsdiagnostik und Psychoanalyse", *G. S.*, **10**, 197, *G. W.*, **7**, 3. (29)

[*Trans.*: "Psycho-Analysis and the Establishment of the Facts in

Legal Proceedings", *C. P.* , **2**, 13; *Standard Ed.* , **9**.]

(1907*a*) *Der Wahn und die Träume in W. Jensens "Gradiva"*, Vienna. *G. S.* , **9**, 273; *G. W.* , **7**, 31. (36)

[*Trans.* : *Delusions and Dreams in Jensen's "Gradva"*, *Standard Ed.* , **9**.]

(1907*b*) "Zwangshandlungen und Religionsübung", *G. S.* , **10**, 210; *G. W.* , **7**, 129. (37, 114)

[*Trans.* : "Obsessive Actions and Religious Practices", *C. P.* , **2**, 25; *Standard Ed.* , **9**.]

(1910*a* [1909]) *Über Psychoanalyse*, Vienna. *G. S.* , **4**, 349; *G. W.* , **8**, 3(7, 31, 153)

[*Trans.* : "Five Lectures on Psycho-Analysis ", *Amer. J. Psychol.* , **21**(1910), 181; *Standard Ed.* , **11**, 3.]

(1910*c*) *Eine Kindheitserinnerung des Leonardo da Vinci*, Vienna. *G. S.* , **9**, 371; *G. W.* , **8**, 128. (37, 69, 90)

[*Trans.* : *Leonardo da Vinci and a Memory of His Childhood*, *Standard Ed.* , **11**, 59.]

(1911*g*) Abstract of G. Greve's "Sobre psicologia y psicoterapia de ciertos estados angustiosos", *Zbl. Psy-choan.* , **1**, 594. (30)

(1912*c*) "Über neurotische Erkrankungstypen", *G. S.* , **5**. 400; *G. W.* , **8**, 322. (84, 196, 316)

[*Trans.* : "Types of Onset of Neurosis", *C. P.* , **2**, 113; *Standard Ed.* , **12**.]

(1912 - 13) *Totem und Tabu*, Vienna, 1913, *G. S.* , **10**, 3; *G. W.* , **9**. (37, 70, 75, 101, 131, 204, 241, 274, 292 - 7)

[*Trans.* : *Totem and Taboo*, London, 1950; New York, 1952; *Standard Ed.* , **13**, 1.]

(1913*b*) Introduction to Pfister's *Die psychanalytische Methode*, *G. S.* , **11**, 224; *G. W.* , **10**, 448. (38)

[*Trans.*: *Standard Ed.* , **12**.]

(1913*j*) "Das Interesse an der Psychoanalyse", *G. S.* , **4**, 313; *G. W.* , **8**, 390. (38)

[*Trans.*: "The Claims of Psycho-Analysis to Scientific Interest", *Standard Ed.* , **13**, 165.]

(1913*k*) Geleitwort zu J. G. Bourke, *Der Unrat in Sitte, Braucti, Glauben und Gewohnheitsrecht der Völker*, *G. S.* , **11**, 249; *G. W.* , **10**, 453. (13)

[*Trans.*: "Preface to J. G. Bourke's Scatalogic Rites of all Nations", *C. P.* , **5**, 88; *Standard Ed.* , **12**.]

(1914*c*) "Zur Einführung des Narzissmus", *G. S.* , **6**, 155; *G. W.* , **10**, 138. (4, 105, 113, 115, 117, 126, 187, 198, 240, 259, 280)

[*Trans.*: "On Narcissism: an Introduction", *C. P.* , 4, 30; *Standard Ed.* , **14**, 9]

(1916 - 17) *Vorlesungen zur Einführung in die Psychoanalyse*, Vienna. *G. S.* , **7**; *G. W.* , **11**. (53, 71, 75, 83, 97, 115, 125, 126, 170, 195, 223, 227, 259, 269, 270, 272, 339)

[*Trans.*: *Introductory Lectures on Psycho-Analysis*, revised ed. , London, 1929 (*A General Introduction to Psychoanalysis*, New York, 1935); *Standard Ed.* , **15 - 16**.]

(1918*b* [1914]) "Aus der Geschichte einer infantilen Neurose", *G. S.* , **8**, 439; *G. W.* , **12**, 29. (4, 56, 129, 131, 155, 195, 241, 269, 272, 333)

[*Trans.*: "From the History of an Infantile Neurosis", *C. P.* , **3**, 473; *Standard Ed.* , **17**, 3.]

(1919*b*) "James J. Putnam", *G. S.* , **11**, 276; *G. W.* , **12**, 315. (32)

[*Trans.*: "James J. Putnam", *Standard Ed.* , **17**, 271.]

(1919*e*) "Ein Kind wird geschlagen", *G. S.* , **5**, 344; *G. W.* , **12**, 197. (5, 54, 145)

[*Trans.*: "A Child is Being Beaten", *C. P.*, **2**, 172; *Standard Ed.*, **17**, 177.]

(1920*b*) "Zur Vorgeschichte der analytischen Technik", *G. S.*, **6**, 148; *G. W.*, **12**, 309. (16)

[*Trans.*: "A Note on the Prehistory of the Technique of Analysis", *C. P.*, **5**, 101; *Standard Ed.*, **18**, 263.]

(1923*b*) *Das Ich und das Es*, Vienna. *G. S.*, **6**, 353; *G. W.*, **13**, 237. (54, 70, 71, 95, 116, 140, 164 - 5, 178, 193, 203, 220, 221, 241, 242, 251, 252, 259, 297)

[*Trans.*: *The Ego and the Id*, London, 1927; *Standard Ed.*, **19**.]

(1923*c*) "Bemerkungen zur Theorie und Praxis der Traumdeutung", *G. S.*, **3**, 305; *G. W.*, **13**, 301. (65)

[*Trans.*: "Remarks on the Theory and Practice of Dream-Interpretation", *C. P.*, **5**, 136; *Standard Ed.*, **19**.]

(1923*f*) "Josef Popper-Lynkeus und die Theorie des Traumes", *G. S.*, **11**, 295; *G. W.*, **13**, 357. (20)

[*Trans.*: "Josef Popper-Lynkeus and the Theory of Dreams", *Standard Ed.*, **19**.]

(1923*g*) Preface to Max Eitingon's *Bericht über die Berliner Psychoanalytische Poliklinik*, Vienna. *G. S.*, **11**, 265; *G. W.*, **13**, 441. (26)

[*Trans.*: Preface to Eitingon's *Report on the Berlin Psycho-Analytical Clinic*, *Standard Ed.*, **19**.]

(1923*i*) "Dr. Ferenczi Sándor", *G. S.*, **11**, 273; *G. W.*, **13**, 443. (34)

[*Trans.*: "Dr. Sándor Ferenczi on his Fiftieth Birthday", *Standard Ed.*, **19**.]

(1925*d* [1924]) *Selbstdarstellung*, Vienna, 1934. *G. S.*, **11**, 119;

G. W. , **14**, 33. (5, 23, 143 - 4, 279)

[*Trans.* : *An Autobiographical Study*, London, 1935 *(Autobiography,* New York, 1935); *Standard Ed.* , **20**.]

(1925*j*) " Einige psychische Folgen des anatomischen Geschlechtsunterschieds", G. S. , **11**, 8; G. W. , **14**, 19. (55, 90)

[*Trans.* : "Some Psychological Consequences of the Anatomical Distinction between the Sexes ", C. P. , **5**, 186; *Standard Ed.* , **19**.]

(1926*c*) Note on E. Pickworth Farrow's " Eine Kindheitserinnerung aus dem 6. Lebensmonat", G. W. , **14**, 568. (21)

[*Trans.* : " Foreword" to E. Pickworth Farrow's *A Practical Method of Self-Analysis*, London, 1942; *Standard Ed.* , **20**.]

(1926*d*) *Hemmung, Symptom und Angst*, Vienna. G. S. , **11**, 23; G. W. , **14**, 113. (11, 144, 145, 153, 183, 272, 297)

[*Trans.* : *Inhibitions, Symptoms and Anxiety*, London, 1936 (The Problem of Anxiety, New York, 1936); *Standard Ed.* , **20**.]

(1930*b*) Preface to *Zehn Jahre Berliner Psychoanalytisches Institut*, Vienna. G. S. , **12**, 388; G. W. , **14**, 572. (26)

[*Trans.* : In " Personal Memories ", in *Max Eitingon In Memoriam*, Jerusalem; *Standard Ed.* , **21**.]

(1932*c*) "Meine Berührung mit Josef Popper-Lynkeus", G. S. , **12**, 415; G. W. , **16**, 261. (20)

[*Trans.* : " My Contact with Josef Popper-Lynkeus", C. P. , **5**, 295; *Standard Ed.* , **22**.]

(1937*c*) "Die endliche und die unendliche Analyse", G. W. , **16**, 59. (21, 144, 148, 272)

[*Trans.* : "Analysis Terminable and Interminable", C. P. , **5**, 316; *Standard Ed.* , **23**,]

(1950*a* [1887 – 1902]) *Aus den Anfängen der Psychoanalyse*, London. Includes "Entwurf einer Psycho-logie" (1895). (7, 18, 20, 42, 85, 105, 114 – 15, 119, 121, 125, 144 – 5, 147, 154, 163 – 4, 174, 181, 183, 187, 192, 202, 219 – 20, 227, 232, 239 – 40, 253, 259, 289)

[*Trans.* : *The Origins of Psycho-Analysis*, London and New York, 1954. (Partly, including "A Project for a Scientific Psychology", in *Standard Ed.* , **1.**)]

(1956*a* [1886]) "Report on my Studies in Paris and Berlin, on a Travelling Bursary Granted from the University Jubilee Fund, 1885 – 6", *Int. J. Psycho-Anal*, **37**, 2; *Standard Ed.* , **1.** (9, 13)

[*German Text* (unpublished): "Bericht über meine mit Universitäts-Jubiläums Reisestipendium unternommene Studienreise nach Paris und Berlin. "]

GREVE, G. (1910) "Sobre Psicologia y Psicoterapia de ciertos Estados angustiosos". Lecture to Neurological Section of the Int. American Congress of Medicine and Hygiene, Buenos Aires. (30)

HOCHE, A. (1910) "Eine psychische Epidemie unter Arzten", *Med. Klin.* , 6, 1007. (27)

HUG-HELLMUTH, H. VON (1913) *Aus dem Seelenleben des Kindes*, Leipzig and Vienna. (38)

[*Trans.* : *A Study of the Mental Life of the Child*, New York, 1919.]

JANET, PIERRE, (1913) "Psycho-Analysis. Rapport par M. le Dr. Pierre Janet", *Int. Congr. Med.* , **17**, Section XII (Psychiatry) (1), 13. (32 – 3, 39)

JONES, ERNEST (1908) "Rationalization in Everyday Life", *J. abnorm. Psychol.* , **3**, 161. (52)

(1910) "On the Nightmare", *Amer. J. Insanity*, **66**, 383. Revised and enlarged ed. , in book form, London, 1931. (36)

(1912) "Die Bedeutung des Salzes in Sitte und Branch der Völker", *Imago*, **1**, 361, 454. (36)

[*English Text:* "The Symbolic Significance of Salt in Folklore and Superstition" *Essays in Applied Psycho-Analysis*, **2**, London, 1951.]

(1913) *Papers on Psycho-Analysis*, London and New York. (2nd ed. , 1918; 3rd ed. , 1923; 4th ed. , 1938; 5th ed. , 1948.)(32)

(1915) "Professor Janet on Psychoanalysis: a Rejoinder", *J. abnorm. (soc.) Psychol. *, **9**, 400. (33)

[*German Trans. :* "Professor Janet über Psychoanalyse", *Int. Z. (ärztl.) Psychoanal. *, **4**(1916), 34.]

(1953) *Sigmund Freud: Life and Work*, Vol. 1, London and New York. (5, 12, 16, 143, 162, 205)

(1955) *Sigmund Freud: Life and Work*, Vol. 2, London and New York. (3, 5, 69, 70, 105, 149, 239, 250, 274, 301)

(1957) *Sigmund Freud: Life and Work*, Vol. 3, London and New York. (5, 116)

JUNG, C. G. (1902) *Zur Psychologie und Pathologie sogenannter okkulter Phänomene*, Leipzig. (28)

[*Trans. :* "On the Psychology and Pathology of So-called Occult Phenomena", *Collected Papers on Analytical Psychology*, London, 1916, Chap. I.]

(1906) (ed.) *Diagnostische Assoziationsstudien*, Leipzig. (29)

[*Trans. : Studies in Word-Association*, London, 1918.]

(1907) *Über die Psychologie der Dementia praecox*, Halle. (28 – 9)

[*Trans. : The Psychology of Dementia Praecox*, New

York, 1909.]

(1910*a*) "The Association Method", *Amer. J. Psychol.* , **21**, 219.
(31)

(1910*b*) "Experiences Concerning the Psychic Life of the Child",
Amer. J. Psychol. , **21**, 251. (31, 65)

(1910*c*) "Über Konflikte der kindlichen Seele", *Jb. psychoan.
psychopath. Forsch.* , **2**, 33. [A slightly different version of
1910*b*.] (56)

(1912) *Wandlungen und Symbole der Libido*, Leipzig and Vienna.
(29, 79 – 81)

[*Trans.* : *Psychology of the Unconscious*, New York, 1916:
London, 1919.]

(1913) *Versuch einer Darstellung der psychoanalytischen Theorie*,
Leipzig and Vienna. (66, 80 – 1)

[*Trans.* : *The Theory of Psychoanalysis*, New York, 1915.]

MAEDER, A. (1912) "Über die Funktion des Traumes", *Jb.
psychoan. psychopath. Forsch.* , **4**, 692. (57)

NELKEN, J. (1912) "Analytische Beobachtungen über Phantasien
eines schizophrenen", *Jb. psychoan. psy-chopath. Forsch.* , **4**,
504. (36)

PFISTER, O. (1910) *Die Frömmigkeit des Grafen Ludwig von
Zinzendorf*, Leipzig and Vienna. (37)

(1913) *Die psychanalytische Methode*, Leipzig and Berlin. (38)

[*Trans.* : *The Psychoanalytic Method*, New York and
London, 1917.]

POPPER, J. (LYNKEUS') (1899) *Phantasien eines Realisten*,
Dresden. (16, 20)

PUTNAM, J. J. (1912) "Über die Bedeutung philosophischer
Anschauungen und Ausbildung für die weitere Entwickelung der

psychoanalytischen Bewegung", *Imago*, **1**, 101. (45)

[*English Text:* "A Plea for the Study of Philosophic Methods in Preparation for Psychoanalytic Work", *Addresses on Psycho-Analysis*, London, Vienna and New York, 1921, Chap. IV.]

(1921) *Addresses on Psycho-Analysis*, London, Vienna and New York. (32)

RANK, O. (1907) *Der Künstler*, Vienna. (36)

(1909) *Der Mythus von der Geburt des Helden*, Leipzig and Vienna. (36)

[*Trans. : The Myth of the Birth of the Hero*, New York, 1914.]

(1911a) "Schopenhauer über den Wahnsinn", *Zbl. Psychoan.*, **1**, 69. (15)

(1911b) *Die Lohengrinsage*, Leipzig and Vienna. (36)

(1912) *Das Inzest-Motiv in Dichtung und Sage*, Leipzig and Vienna. (37, 331)

(1913) With SACHS, H., *Die Bedeutung der Psycho-analyse für die Geisteswissenschaften*, Wiesbaden. (35)

[*Trans. : The Significance of Psychoanalysis for the Mental Sciences*, New York, 1916.]

RÉGIS, E., and HESNARD, A. (1914) *La Psychoanalyse des Névroses et des Psychoses*, Paris. (32)

REIK, T. (1912) *Flaubert und seine "Versuchung des heiligen Antonius"*, Minden. (36)

RENTERGHEM, A. W. VAN (1913) *Freud en zijn School*, Baarn. (33)

RIKLIN, F. (1908) Wunscherfüllung und Symbolik im Märchen, Leipzig and Vienna. (36)

[*Trans. : Wishfulfillment and Symbolism in Fairy Tales*, New York, 1915: "by F. Ricklin".]

SADGER, I. (1909) *Aus dem Liebesleben Nicolaus Lenaus*, Leipzig and Vienna. (36)

SCHERNER, K. A. (1861) *Das Leben des Traumes*, Berlin. (19)

SILBERER, H. (1909) "Bericht über eine Methode, gewisse symbolische Halluzinations-Erscheinungen hervorzurufen und zu beobachten", *Jb. psychoan. psychopath. Forsch.*, **1**, 513. (97)

（1912） "Symbolik des Erwachens und Schwellensymbolik überhaupt", *Jb. psychoan. psychopath. Forsch.*, **3**, 621. (97)

(1914) *Probleme der Mystik und ihrer Symbolik*, Leipzig and Vienna. (228 - 9)

STORFER, A. J. (1914) *Marias jungfräuliche Mutterschaft*, Berlin. (36)

VOGT, R. (1907) *Psykiatriens grundtraek*, Christiania. (33)

精神分析纲要

FREUD, S. (1893*h*) Vortrag "Über den psychischen Mechanismus hysterischer Phänomene" [shorthand report revised by lecturer], *Wien. med. Pr.*, **34**, Nr. 4, 121, and 5, 165. (150)

[*Trans.*: Lecture "On the Psychical Mechanism of Hysterical Phenomena", *Int. J. Psycho-Anal.*, **37**, 8; *Standard Ed.*, **3**, 27.]

(1894*a*) "Die Abwehr-Neuropsychosen", *G. S.*, **1**, 290; *G. W.*, **1**, 59. (168)

[*Trans.*: "The Neuro-Psychoses of Defence", *C. P.*, **1**, 59; *Standard Ed.*, **3**.]

(1900*a*) *Die Traumdeutung*, Vienna. *G. S.*, **2 - 3**; *G. W.*, **2 - 3**. (10, 12, 102, 143, 160, 192, 243)

[*Trans.*: *The Interpretation of Dreams*, London and New York,

1955; *Standard Ed.* , **4 - 5.**]

(1912 - 13) *Totem und Tabu*, Vienna, 1913, *G. S.* , **10**, 3; *G. W.* ,
9. (5, 53, 55, 58, 81 - 4, 102, 113, 120, 130 - 2, 207)

[*Trans.* : *Totem and Taboo*, London, 1950; New York, 1952;
Standard Ed. , **13**, 1.]

(1915*b*) "Zeitgemässes über Krieg and Tod", *G. S.* , **10**, 315; *G.
W.* , **10**, 324. (201)

[*Trans.* : "Thoughts for the Times on War and Death", *C. P.* , **4**,
288; *Standard Ed.* , **14**, 275.]

(1905*c*) *Der Witz und seine Beziehung zum Unbewussten*, Vienna.
G. S. , **9**, 5; *G. W.* , **6**. (158, 286)

[*Trans.* : *Jokes and their Relation to the Unconscious*, *Standard
Ed.* , **8**.]

(1905*d*) *Drei Abhandlungen zur Sexualtheorie*, Vienna. *G. S.* , **5**,
3; *G. W.* , **5**, 29. (149)

[*Trans.* : *Three Essays on the Theory of Sexuality*, London,
1949; *Standard Ed.* , **7**, 125.]

(1915*e*) "Das Unbewusste", *G. S.* , **5**, 480; *G. W.* , **10**, 264. (97,
143, 160)

[*Trans.* : " The Unconscious", *C. P.* , **4**, 98; *Standard Ed.* ,
14, 161.]

(1920*g*) *Jenseits des Lustprinzips*, Vienna. *G. S.* , **6**, 191; *G. W.* ,
13, 3. (97, 149)

[*Trans.* : *Beyond the Pleasure Principle*, London, 1961;
Standard Ed. , **18**, 7.]

(1922*b*) "Über einige neurotische Mechanismen bei Eifersucht,
Paranoia und Homosexualität", *G. S.* , **5**, 387; *G. W.* , **13**, 195.
(130, 202)

[*Trans.* : "Some Neurotic Mechanisms in Jealousy, Paranoia and

Homosexuality", *C. P.* , **2**, 232; *Standard Ed.* , **18**, 223.]

(1923*b*) *Das Ich und das Es*, Vienna. *G. S.* , **6**, 353; *G. W.* , **13**, 237. (78, 95, 97, 102, 143, 151, 153, 243, 265)

[*Trans.* : *The Ego and the Id*, London and New York, 1962; *Stardard Ed.* , **19**, 3.]

(1925*d* [1924]) *Selbstdarstellung*, Vienna, 1934. *G. S.* , **11**, 119; *G. W.* , **14**, 33. (90. 192, 285)

[*Trans.* : *An Autobiographical Study*, London, 1935 (*Autobiography*, New York, 1935); *Standard Ed.*, **20**.]

(1926*d*) *Hemmung, Symptom und Angst*, Vienna. *G. S.* , **11**, 23; *G. W.* , **14**, 113. (127, 153, 213, 217, 242)

[*Trans.* : *Inhibitions, Symptoms and Anxiety*, London, 1936 (The Problem of Anxiety, New York, 1936); *Standard Ed.* , **20**.]

(1927*c*) *Die Zukunft einer Illusion*, Vienna. *G. S.* , **11**, 411; *G. W.* , **14**, 325. (85, 130, 201)

[*Trans.* : *The Future of an Illusion*, London, 1962; New York, 1928; *Standard Ed.* , **21**, 3.]

(1927*e*) "Fetischismus", *G. S.* , **11**, 395; *G. M.* , **14**, 311. (204, 273)

[*Trans.* : "Fetishism", *C. P.* , **5**, 198; *Standard Ed.* , **21**, 149.]

(1930*a*) *Das Unbehagen in der Kultur*, Vienna. *G. S.* , **12**, 29; *G. W.* , **14**, 421. (91, 92, 120, 153, 247)

[*Trans.* : *Civilization and its Discontents*, London, 1930; New York, 1961; *Standard Ed.* , **21**, 59.]

(1930*e*) Ansprache im Frankfurter Goethe-Haus, *G. S.* , **12**, 408; *G. W.* , **14**, 547. (126, 192)

[*Trans.* : Address delivered in the Goethe House at Frankfort, *Standard Ed.* , **21**, 208.]

(1931*b*) "Über die weibliche Sexualität", *G. S.* , **12**, 120; *G. W.* , **14**, 517. (168, 194, 251)

[*Trans.* : "Female Sexuality", *C. P.* , **5**, 252; *Standard Ed.* , **21**, 223.]

(1933*a*) *Neue Folge der Vorlesugen zur Einführung in die Psychoanalyse*, Vienna. *G. S.* , **12**, 151; *G. W.* , **15**, 207. (95, 97, 149, 211 – 14, 276)

[*Trans.* : *New Introductory Lectures on Psycho-Analysis*, London and New York, 1933; *Standard Ed.* , **22**, 3.]

(1933*b* [1932]) *Warum Krieg?* Paris. *G. S.* , **12**, 349; *G. W.* , **16**, 13. (149)

[*Trans.* : *Why War?* Paris, 1933; *C. P.* , **5**, 273; *Standard Ed.* , **22**, 197.]

(1937*c*) "Die endliche und die unendliche Analyse", *G. W.* , 16, 59. (77, 102, 149, 191, 194, 274)

[*Trans.* : "Analysis Terminable and Interminable", *C. P.* , **5**, 316; *Standard Ed.* , **23**, 211.]

(1939*a* [1937 – 39]) *Der Mann Moses und die monotheistische Religion*, *G. W.* , **16**, 103. (160, 192, 213, 240, 269, 289 – 90)

[*Trans.* : *Moses and Monotheism*, London and New York, 1939; *Standard Ed.* , **23**, 3.]

(1940*b* [1938]) "Some Elementary Lessons in Psycho-Analysis" [title in English: German text], *G. W.* , 17, 141. (141, 142)

[*Trans.* : "Some Elementary Lessons in Psycho-Analysis". *C. P.* , **5**, 376; *Standard Ed.* , **23**, 281.]

(1940*e* [1938]) "Die Ichspaltung im Abwehrvorgang", *G. W.* , **17**, 59. (204)

[*Trans.* : "Splitting of the Ego in the Process of Defence", *C. P.* , 5, 372; *Standard Ed.* , **23**, 273.]

(1950a [1887 - 1902]) *Aus den Anfängen der Psychoanalyse*, London. Includes "Entwurf einer Psychologie" (1895). (76, 120, 130, 160, 168, 213, 215, 225, 226, 274)

[*Trans.*: *The Origins of Psycho-Analysis*, London and New York, 1954. (Partly, including "A Project for a Scientific Psychology", in *Standard Ed.*, **1**.)]

JUNG, C. G. (1913) "Versuch einer Darstellung der psychoanalytichen Theorie", *Jb. psychoan. psychopath. Forsch.*, **5**, 307. (194)

[*Trans.*: *The Theory of Psycho-Analysis*, New York, 1915.]